彩图版

图解 FANUC 数控系统一学就会

全程图解
FANUC 0iD数控系统
维修一学就会

主编 赵智智　　副主编 马胜

参编 陈军 冯凯 周朋涛 冯磊磊 裴景林

机械工业出版社
CHINA MACHINE PRESS

本书针对数控维修入门者的特点，围绕 FANUC 0iD 系统的结构原理、伺服系统、连接部件、参数设定、数据传输、报警、维护等，以彩色图解的形式、合理的顺序，详解数控维修必须掌握的知识和技能。

书中的彩色图片均为实际数控系统软件界面截屏或硬件实物照片，读者可以按照操作步骤自学，从而迅速掌握相关技能，能够尽快独立操作，胜任实际维修工作。

本书在关键操作步骤处设置二维码，读者扫描二维码可以观看实际操作视频（二维码中，原点称为零点），从而使学习更加简单、直观、便捷。

本书适合数控维修初学者入门学习，可供维修人员维修时随时查阅，也适合培训机构作为培训用书。

图书在版编目（CIP）数据

全程图解 FANUC 0iD 数控系统维修一学就会/赵智智主编. —北京：机械工业出版社，2018.11（2023.9重印）
（图解 FANUC 数控系统一学就会）
ISBN 978-7-111-61803-4

Ⅰ.①全… Ⅱ.①赵… Ⅲ.①数控机床–数字控制系统–维修–图解 Ⅳ.①TG659.027-64

中国版本图书馆 CIP 数据核字（2019）第 009277 号

机械工业出版社（北京市百万庄大街22号 邮政编码100037）
策划编辑：李万宇 责任编辑：李万宇 张亚捷
责任校对：梁 静 封面设计：马精明
责任印制：单爱军
北京虎彩文化传播有限公司印刷
2023 年 9 月第 1 版第 5 次印刷
169mm×239mm · 11.5 印张 · 209 千字
标准书号：ISBN 978-7-111-61803-4
定价：75.00 元

电话服务 网络服务
客服电话：010-88361066 机 工 官 网：www.cmpbook.com
010-88379833 机 工 官 博：weibo.com/cmp1952
010-68326294 金 书 网：www.golden-book.com
封底无防伪标均为盗版 机工教育服务网：www.cmpedu.com

preface 前 言

机床是装备工业的基础，是生产设备的装备。机床工业是关系国民经济、国防建设的基础工业和战略性产业，发达国家无一不重视机床工业。我国机床工业经过多年艰苦的努力，已建立起较大的规模和较完整的体系，具备了相当的竞争实力。整体上说，我国机床工业已跨入世界的第一方阵。但随着国内数控机床数量爆炸式的增长，由于专业维修力量的严重不足，导致数控机床的利用率大打折扣，急需机床维修人员。

FANUC CNC 产品是数控机床的核心部件，被称为工业母机的"大脑"，在国内中高档数控系统中至少占据 50% 市场份额。目前国内在用的 FANUC 产品主要有 FANUC 0、FANUC 0iA、FANUC 0iB、FANUC 0iC、FANUC 0iD、FANUC 0iF、FANUC 31iA、FANUC 31iB、FANUC 18i 等，其中 FANUC 0iD 系统是 2009 年至 2016 年国内市场的主流产品，其控制的设备占比很高，如何让从事和即将从事 FANUC 维修的人员迅速掌握基础的维修知识，是迫切需要解决的问题。

本书在参考大量 FANUC 0iD 操作说明书、维修说明书、参数说明书以及硬件连接功能说明书等资料的基础上，根据维修工程师的技能需求，按照由易到难的顺序编写。所配的图片和二维码，使全书简明易懂，能让初学者快速地进入维修工作状态。本书适合初学者学习，也可供维修工程师查阅。

本书的作者团队从 2004 年开始从事 FANUC 产品的全方位服务，改造过数控机床 100 多台；开设培训课程 56 期，培训学员 1300 多名；维修 FANUC 电路板 1 万多块；开发了机床联网监控软件、U 盘转 RS232 接口传输硬件 DNCBOX，以及 FANUC 总线面板和总线继电器板。

为了方便学习，本书依托苏州屹高自控设备有限公司 FANUC 技术服务部，向读者开通了专门的技术咨询平台。读者在学习、维修和改造等方面有任何问题均可以通过微信公众号、QQ 群、电话和邮件等进行咨询。由于编者水平有限，不足和疏漏之处在所难免，敬请广大读者不吝赐教。

联系方式：

电话：0512-68052881。
QQ: 24005526。
E-mail: zhao@cnc368. com。
千人技术讨论 QQ 群: 40823584。
故障查询微信公众号: 屹高 FANUC。

赵智智

contents 目 录

V

第 4 章　αi 和 βi 伺服的结构和原理（图解驱动部分）

第 7 章　保养及维护 FANUC 0iD

第 8 章　解开 FANUC 0iD 常见故障之谜

附　　录

第1章 FANUC 0iD 的系统结构（图解数值控制部分）

1.1 FANUC 数控系统的第一任务

FANUC 系统的任务	图　　示
日本 FANUC 公司生产的 FANUC 数控系统，最核心的任务就是控制电动机的高速精确运转。我们把程序输入 CNC 系统之中，数控系统经过信号运算和处理，给驱动器发送运动控制指令，驱动器按照 CNC 程序驱动电动机精准运转。FANUC CNC 数控系统集成了高速的微积分运算，用来进行多轴的插补运算。同时，运算轴数和运算的数量级是 FANUC 系统高于国产系统的核心技术 数控系统不仅要进行运动控制，还要进行逻辑控制，提高柔性的操作性。所以，现代的数控系统（包括 FANUC 0iD 系列），都集成了 PLC 逻辑控制。在 FANUC 系统中，由于其用于控制机床的各个动作，FANUC 把 PLC 重新命名为可编程机床控制器（Programmable Machine Controller，PMC）	 数控系统　　驱动器　　电动机 FANUC 数控系统主要部件

1.2 FANUC 0iD 系统介绍

FANUC 0iD 系统介绍	
名 称	**图 示**
系统正面	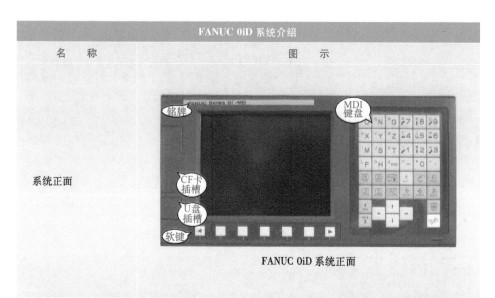 FANUC 0iD 系统正面
系统背面： 铭牌：FANUC 0iD 系列主要有以下几种 　FANUC 0i MATE-TD 简易车床系统 　FANUC 0i MATE-MD 简易铣床系统 　FANUC 0i TD 标准车床系统 　FANUC 0i MD 标准铣床系统	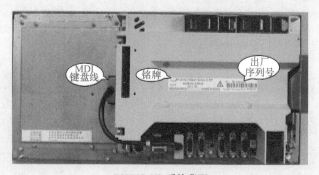 FANUC 0iD 系统背面

备注：

1. FANUC 0i MATE D 硬件有两个版本，2014 年之前的 FANUC 0i MATE D 3 包和 2014 年之后的 FANUC 0i MATE D 5 包。FANUC 0i MATE D 5 包最大的特点是轴卡集成到了主板上

2. FANUC 0iD 软件有两个版本，即 FANUC 0iD A 包和 FANUC 0iD B 包（FANUC 0iD A 包功能强于 FANUC 0iD B 包）

1.3 解剖 FANUC 0iD 系统（含 FANUC 0i MATE D 3 包）

解剖 FANUC 0iD 系统	
操作步骤	图解 FANUC 0iD 系统

在 FANUC 0iD 系统后背上有两个螺钉，旋开后，按下卡扣，就可以打开后盖（请用 CF 卡提前备份数据）。后盖分离主板后，电池停止给存储板供电

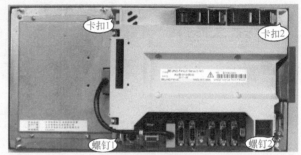

系统背面螺钉的拆除

打开后盖

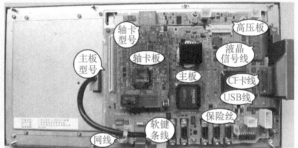

系统后盖拆除后的分布

将卡扣 1 和卡扣 2 往后扳，在使力 1 和使力 2 处，往上拔轴卡

轴卡插拔方法

3

（续）

解剖 FANUC 0iD 系统	
操作步骤	图解 FANUC 0iD 系统
轴卡拔出后	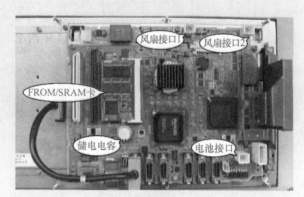 轴卡拔出后
拆掉 FROM/SRAM 卡的主板	 FANUC 0iD 系统主板

备注：

1. 拆解视频教学请扫右边的二维码
2. 在拆板卡的过程中要做好标记
3. 取出和插入板卡时用力要均匀，千万注意不能用蛮力
4. 因为 FANUC 0iD 系统由高集成电路组成，很小的灰尘、水、油污都会造成主板的短路，请注意卫生

1.3.1　FANUC 0iD 主板型号（含 FANUC 0i MATE D 3 包）

			FANUC 0iD 系统主板简介				
序号	名称	系统	型　号	ID	兼容	备注	图　示
1	A0	FANUC 0iD	A20B-8200-0540	0428	有		
			A20B-8200-0844				
2	A1	FANUC 0iD	A20B-8200-0541	0429	有		
			A20B-8200-0845				
			A20B-8200-0925		无		
3	A2	FANUC 0iD	A20B-8200-0542	042A	有		
			A20B-8200-0846				
4	A3	FANUC 0iD	A20B-8200-0543	042B	有		
			A20B-8200-0847				
			A20B-8200-0927		无		
5	A5	FANUC 0i MATE D	A20B-8200-0545	042C	有		
			A20B-8200-0849				
6	A0U	FANUC 0iD	A20B-8200-0840	0438	无	带 USB	
			A20B-8201-0080			带 USB	
7	A1U	FANUC 0iD	A20B-8200-0841	0439	无	带 USB	
			A20B-8200-0921		无	带 USB	
			A20B-8201-0081		无	带 USB	
8	A2U	FANUC 0iD	A20B-8200-0842	043A	无	带 USB	
			A20B-8201-0082		无	带 USB	
9	A3U	FANUC 0iD	A20B-8200-0843	043B	无	带 USB	
			A20B-8200-0923		无	带 USB	
			A20B-8201-0083		无	带 USB	
10	A5U	FANUC 0i MATE D	A20B-8200-0848	043C	无	带 USB	
			A20B-8201-0088		无	带 USB	

主板型号
A20B-8200-0545

主板

备注：

1. FANUC 0iD 主板有很多版本，早期版本的都不带 USB 接口

2. 带 USB 的主板可以替代不带 USB 的主板

1.3.2 其他电路板名称及型号

序号	名称	型 号	功 能	图 示
		FANUC 0iD 系统其他电路板简介		
1	轴卡 A1	A20B-3300-0635 A20B-3300-0765	2 轴控制卡 （HRV3、HRV2）	
	轴卡 A2	A20B-3300-0638 A20B-3300-0768	4 轴控制卡 （HRV3、HRV2）	
	轴卡 A3	A20B-3300-0637 A20B-3300-0767	6 轴控制卡 （HRV3、HRV2）	
	轴卡 A4	A20B-3300-0636 A20B-3300-0766	8 轴控制卡 （HRV3、HRV2）	
	轴卡 B2	A20B-3300-0632 A20B-3300-0762	6 轴用 （HRV3） 8 轴用 （HRV2）	
	轴卡 B3	A20B-3300-0631 A20B-3300-0761	9 轴用 （HRV2、HRV3）	FANUC 0iD 轴卡
2	FROM/ SRAM 存储	A20B-3900-0242 A20B-3900-0286	FROM 64MB SRAM 1MB 规格：A1	
	FROM/ SRAM 存储	A20B-3900-0240 A20B-3900-0280	FROM 128MB SRAM 1MB 规格：B1	
	FROM/ SRAM 存储	A20B-3900-0241 A20B-3900-0281	FROM 128MB SRAM 2MB 规格：B2	FROM/SRAM 模块
3	电源	A20B-8200-0540	无插槽	
		A20B-8200-0570	2 插槽	电源板
4	高压板 （逆变器）	A20B-8002-0703	8.4in[①] 彩色显示器	
		A20B-8002-0702	10.4in 彩色显示器	高压板

（续）

序号	名称	型号	功能	图示
			FANUC 0iD 系统其他电路板简介	

A02B-0319-B500 　系统后盖（无插槽）

FANUC 0iD

A02B-0319-B502 　系统后盖（有插槽）

无插槽系统后盖

5

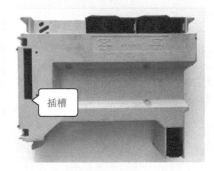

A02B-0321-B500

FANUC 0i MATE D 　系统后盖（无插槽）

插槽

A02B-0321-B510

有插槽系统后盖

① 1in = 25.4mm。

备注：

机床报警特别说明

拆开外壳后，当电池与主板分离时，本章1.3节中图"轴卡"中的储电电容（蓝色）开始工作。给存储板供电，一般可以持续0.5h（理论值，有故障的电路板除外），系统更换电池时要求在机床断电的情况下更换。更换的速度越快越好。当存储板从主板上拆离后，电容供电断开，参数立即全部丢失，机床报警 SYS_ALM500 SRAM DATA ERROR

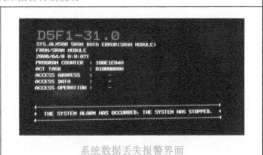

系统数据丢失报警界面

1.3.3 主板接口说明

主板接口详解	
项 目	**图 示**
主板接口	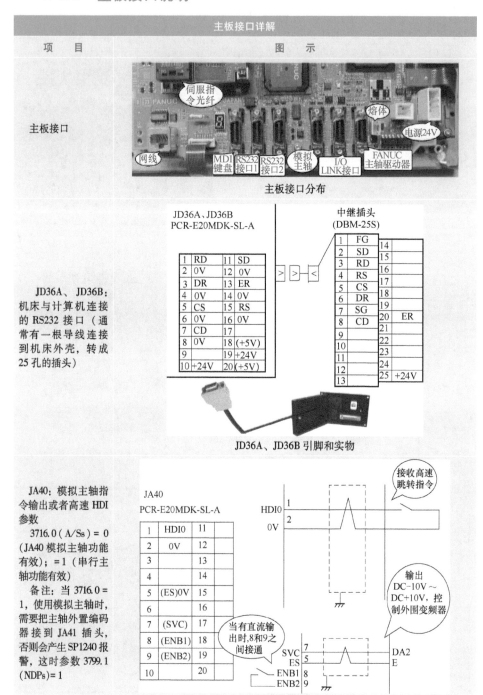

主板接口分布

JD36A、JD36B；机床与计算机连接的 RS232 接口（通常有一根导线连接到机床外壳，转成 25 孔的插头）

JD36A、JD36B 引脚和实物

JA40：模拟主轴指令输出或者高速 HDI 参数

3716.0（A/Ss）= 0（JA40 模拟主轴功能有效）；= 1（串行主轴功能有效）

备注：当 3716.0 = 1，使用模拟主轴时，需要把主轴外置编码器接到 JA41 插头，否则会产生 SP1240 报警，这时参数 3799.1（NDPs）= 1

JA40 引脚

（续）

项　目	图　示

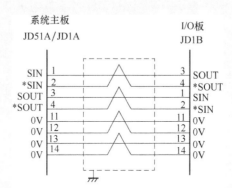

JD51A：机床外围控制 I/O LINK 接口，接 I/O 板

JD51A 引脚和实物

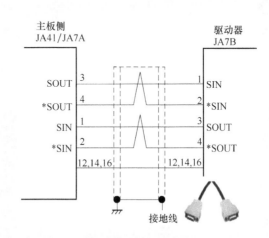

JA41：串行主轴指令（接 FANUC 主轴驱动器，连接 JA7B）或主轴编码器反馈

JA41 反馈线引脚和实物

（续）

项　目	图　示
主板接口详解	
CP1：系统输入 DC 24V　备注：当 CP1 单独通入 DC 24V 时，其他插头不接，系统就能开机显示	直流输入插口

1.4　解剖 FANUC 0i MATE D 系统（5 包）

项　目	图　示
图解 FANUC 0i MATE D 系统（5 包）	
FANUC 0i MATE D 系统（5 包）是 2014 年之后 FANUC 推出的替代 3 包的升级品。FANUC 0i MATE D 系统（5 包）比 3 包少了部分功能，变成选配	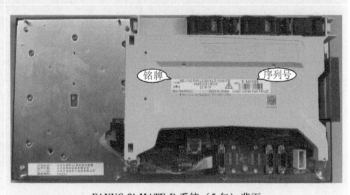FANUC 0i MATE D 系统（5 包）背面

（续）

图解 FANUC 0i MATE D 系统（5 包）	
项　目	图　示

同 3 包方法一样，用十字螺钉旋具拆掉下方两个螺钉后，打开黄色盖即可看到外形及内部部件

备注：5 包和 3 包的正面外形尺寸一样，但内部少了轴卡

FANUC 0i MATE D（5 包）主板集成了电源和轴卡板

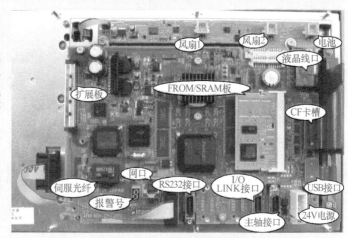

FANUC 0i MATE D 系统（5 包）拆除后盖后

1.4.1　接口说明

FANUC 0i MATE D（5 包）系统接口详解		
序号	代号	作　用
1	COP10A	伺服光纤接口，连接伺服驱动器，控制伺服
2	CD38A	网线接口，用于网络传输
3	JA2	连接机床 MDI 键盘
4	JD36A	RS232 接口，用于计算机与机床传输数据
5	JD44A	I/O LINK 接口，接外部 I/O 板，输入输出通信
6	JA41	主轴接口，连接主轴驱动器 JA7B，用于主轴指令
7	CP1	24V 电源接口

1.4.2 系统板名称及型号

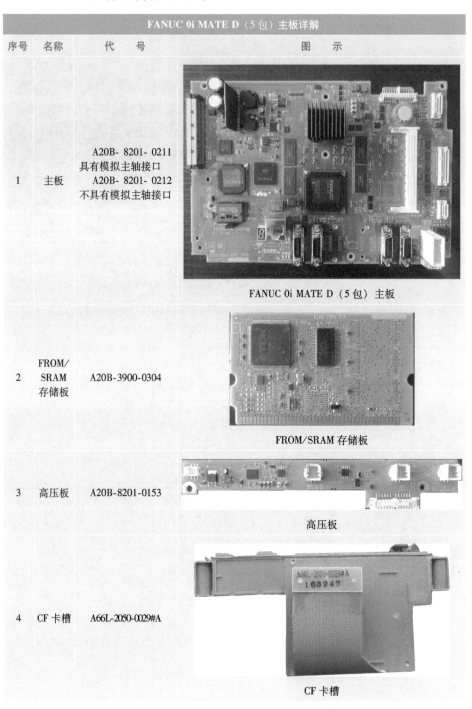

序号	名称	代　号	图　示
		FANUC 0i MATE D (5包) 主板详解	
1	主板	A20B- 8201- 0211 具有模拟主轴接口 A20B- 8201- 0212 不具有模拟主轴接口	FANUC 0i MATE D (5包) 主板
2	FROM/ SRAM 存储板	A20B-3900-0304	FROM/SRAM 存储板
3	高压板	A20B-8201-0153	高压板
4	CF 卡槽	A66L-2050-0029#A	CF 卡槽

（续）

FANUC 0i MATE D（5包）主板详解			
序号	名称	代 号	图 示
5	电池	A98L-0031-0028	 3V 电池
6	风扇	A90L-0001-0566#A （1608VL-05W-B69）	 风扇

第 2 章
设定和调整机床参数

2.1 介绍机床参数

为了满足机床厂家的个性化需求，FANUC 系统配备了参数调整功能。同样的数控系统，FANUC 0iD，控制的机床有各种功能（如车、铣、刨、磨），而且机床的加工尺寸也各异。这是因为机床有了参数调整功能。软件参数的修改，代替硬件修改，提高了产品的市场竞争力和占有率。

FANUC 参数有两种类型：字参数和位参数。字参数以整数形式表现，通常是一个数据量的大小；位参数表示该参数以位形式存在，表示一个功能位有效还是无效。

字参数和位参数	
释 义	图 示

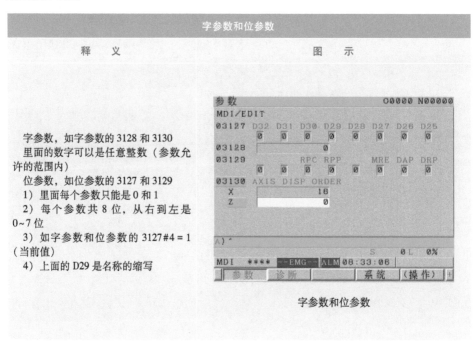

字参数，如字参数的 3128 和 3130 里面的数字可以是任意整数（参数允许的范围内）

位参数，如位参数的 3127 和 3129

1）里面每个参数只能是 0 和 1

2）每个参数共 8 位，从右到左是 0~7 位

3）如字参数和位参数的 3127#4 = 1（当前值）

4）上面的 D29 是名称的缩写

字参数和位参数

FANUC 0iD 参数分布			
序号	功　能	起始地址	图　示
1	设定	0000	
2	阅读机，穿孔机接口	0100	
3	轴控制/设定单位	1000	
4	坐标系	1201	
5	行程限制	1300	
6	速度	1401	
7	加减速控制	1601	
8	伺服关联	1800	
9	输入输出信号	3001	
10	显示和编辑	3100	
11	程序	3400	
12	螺距误差补偿	3600	
13	有关主轴	3700	
14	刀具补偿	5000	
15	固定循环	5100	
16	用户宏程序	6000	
17	跳转功能	6200	
18	有关维护	8901	

在系统的 MDI 键盘上有个【HELP】按钮，按下该键，由帮助界面进行提示

帮助　　　　　　　　　　O0000 N00000
　　　　　　　　　　　　　　　　1/7
■ 设定　　　　　　　　　(No. 0 ～　　)
■ 阅读机·穿孔机接口　　(No. 100 ～　)
■ 系统配置　　　　　　　(No. 980 ～　)
■ 轴控制/设定单位　　　(No. 1000 ～　)
■ 坐标系　　　　　　　　(No. 1201 ～　)
■ 行程限制　　　　　　　(No. 1300 ～　)
■ 卡盘/尾座　　　　　　(No. 1330 ～　)
■ 速度　　　　　　　　　(No. 1401 ～　)
■ 加减速控制　　　　　　(No. 1601 ～　)
■ 伺服关联　　　　　　　(No. 1800 ～　)
■ DI/DO　　　　　　　　(No. 3001 ～　)

A）_　　　　　　　　　　　　　S　　0 T0000

MDI　****　***　***

报警　操作　参数　　　　　　　(操作)

帮助界面

2.2　查看机床参数

机床参数查看步骤		
步骤序号	操　作	图　示
1	按 MDI 键盘上的【SYSTEM】按钮	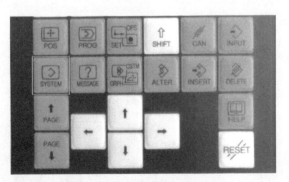 系统 MDI 键盘部分

(续)

步骤序号	操 作	图 示
	机床参数查看步骤	
2	按软键【参数】按钮	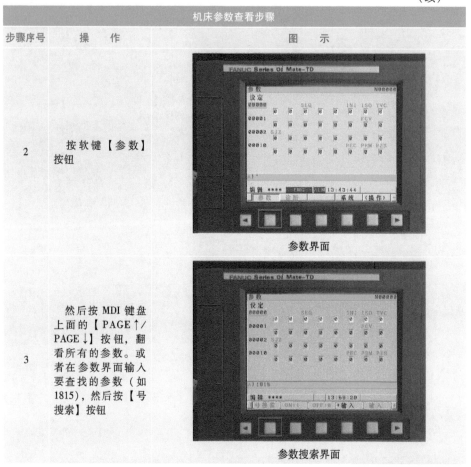参数界面
3	然后按 MDI 键盘上面的【PAGE↑/PAGE↓】按钮，翻看所有的参数。或者在参数界面输入要查找的参数（如1815），然后按【号搜索】按钮	参数搜索界面

2.3 修改机床参数

步骤序号	操 作	图 表
	机床参数修改步骤	
1	在 MDI 键盘上，按【SET/OFS】按钮	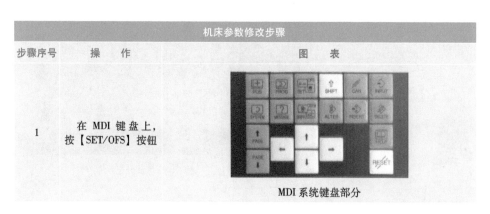MDI 系统键盘部分

(续)

机床参数修改步骤		
步骤序号	操 作	图 表
2	按软键【设定】按钮	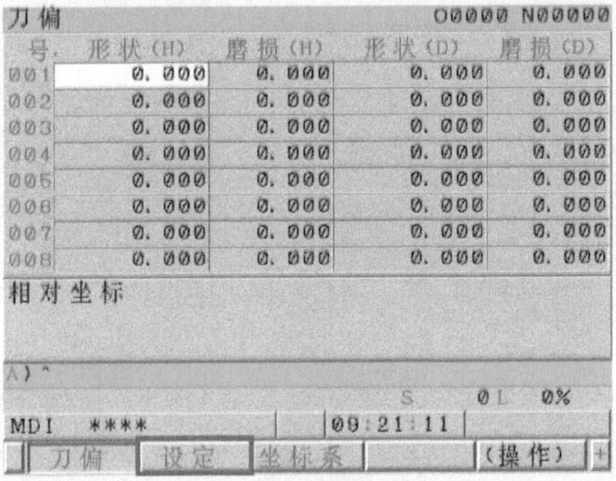 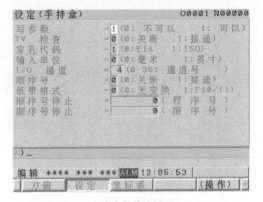刀偏界面
3	把写参数改成1，显示器出现SW0100报警界面（同时按下MDI键盘上的【CAN】+【RESET】两个按钮，可消除该报警）	允许参数修改界面 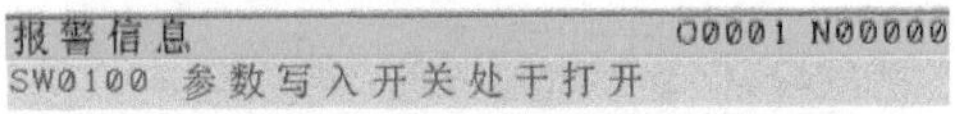 SW0100报警界面
4	按 MDI 面板的【SYSTEM】按钮	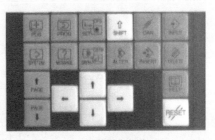MDI 系统键盘部分

（续）

机床参数修改步骤		
步骤序号	操 作	图 表
5	按照查看参数的方法找到要修改的参数，把光标移到所要修改的参数（以1815#5为例）	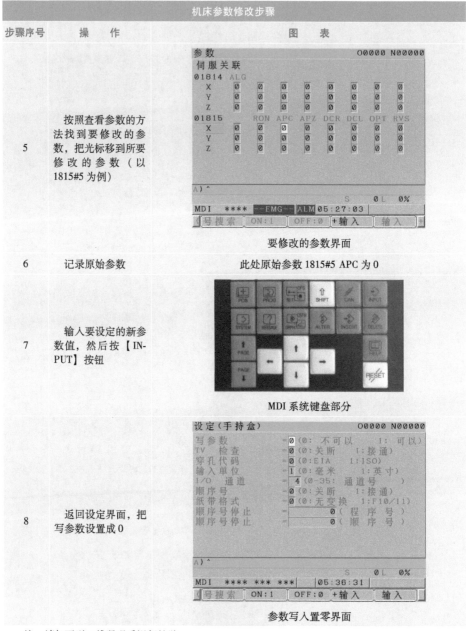要修改的参数界面
6	记录原始参数	此处原始参数 1815#5 APC 为 0
7	输入要设定的新参数值，然后按【INPUT】按钮	MDI 系统键盘部分
8	返回设定界面，把写参数设置成0	参数写入置零界面

注：请扫下列二维码观看视频教学。

2.4 常用的一些普通参数

常用普通参数汇总		
参数含义	参数号	备注（一般设定值）
数据传输波特率	103, 113	10
I/O 通道	20	0, 1 为 RS232 接口；4 为存储卡；5 为数据服务器；17 为 U 盘接口
轴屏蔽	12#7 1005#7	为 1 时，该轴被屏蔽
用存储卡 DNC	138#7	1 为可选 DNC 文件
公英制	1001#0	0 为公制；1 为英制
直线轴/旋转轴	1006#0	1 为旋转轴
半径编程/直径编程		车床的 X 轴
参考点返回方向	1006#5	0：+。1：-（该方向为压下减速开关后的方向）
轴名称	1020	88 (X)，89 (Y)，90 (Z)，65 (A)，66 (B)，67 (C)
轴属性	1022	1，2，3。根据坐标系内对应关系，设置不当将造成坐标系紊乱
轴连接顺序	1023	1，2，3
存储行程限位正极限	1320	调试为 99999999
存储行程限位负极限	1321	调试为 -99999999
空运行速度	1410	1000 左右（根据机床需求及特性进行设定）
各轴快移速度	1420	8000 左右（根据机床需求及特性进行设定）
最大切削进给速度	1422	8000 左右（根据机床需求及特性进行设定）
各轴手动速度	1423	4000 左右（根据机床需求及特性进行设定）
各轴手动快移速度	1424	可为 0（根据机床需求及特性进行设定）
各轴返回参考点速度	1425	300~400（根据机床需求及特性进行设定）
快移时间常数	1620	50~200（根据机床需求及特性进行设定）
切削时间常数	1622	50~200（根据机床需求及特性进行设定）
JOG 时间常数	1624	50~200（根据机床需求及特性进行设定）
分离型位置检测器	1815#1	全闭环为 1。相对应的伺服设定参数也要对所连接位置检测器规格进行设定
电动机绝对编码器	1815#5	伺服带电池设 1
各轴位置环增溢	1825	3000（根据机床需求及特性进行设定）
各轴到位宽度	1826	20~100（根据机床需求及特性进行设定）
各轴移动位置误差极限	1828	调试为 10000（根据机床需求及特性进行设定）
各轴停止位置误差极限	1829	200（根据机床需求及特性进行设定）
栅格偏移量	1850	根据机床实际情况进行设定
各轴反向间隙	1851	实际测量值
P-I 控制方向	2003#3	1
单脉冲消除功能	2003#4	停止时微小振动设 1

（续）

参数含义	参数号	备注（一般设定值）
虚拟串行反馈功能	2009#0	如果不带电动机设 1
电动机代码	2020	查表
负载惯量比	2021	200 左右（根据机床需求及特性进行设定）
电动机旋转方向	2022	111 或 −111
速度反馈脉冲数	2023	8192（标准设定）
位置反馈脉冲数	2024	半设为 12500 全（电动机一转时走的微米数）
柔和进给传动比（分子）N	2084 2085	转动比
互锁信号无效	3003#0	*IT（G8.0）
各轴互锁信号无效	3003#2	*ITX ~ *IT4（G130）
各轴方向互锁信号无效	3003#3	*ITX ~ *IT4（G132，G134）
减速信号极性	3003#5	行程（常闭）开关为 0，接近（常开）开关为 1
超程信号无效	3004#5	是否检测硬超程信号，不检测出现 506，507 报警时，设定 1
显示器类型	3100#7	0 为单色，1 为彩色
实际进给速度显示	3105#0	1
主轴速度和 T 代码显示	3105#2	1
主轴倍率显示	3106#5	1
实际手动速度显示指令	3108#7	1
伺服调整界面显示	3111#0	1
主轴监控界面显示	3111#1	1
操作监控界面显示	3111#5	1
机床报警时，界面是否跳转	3111#7	1
伺服波形界面显示	3112#0	需要时为 1，最后要为 0
语言选择	3281	0 为英语，1 为日语，15 为汉语。可按下 MDI 键盘上的【OFS/SET】按钮，在 LANGUAGE 中进行选择
指令数值单位	3401#0	0：微米。1：毫米（根据编程时移动指令是否带小数点）
各轴参考点螺补号	3620	实测
各轴正极限螺补号	3621	
各轴负极限螺补号	3622	
螺补数据放大倍数	3623	
螺补间隔	3624	
是否使用串行主轴	3701#1	为 1 时，串行主轴被屏蔽
模拟主轴/串行主轴	3716#0	0 为模拟主轴，1 为串行主轴
各主轴的驱动器号	3717	当使用一个模拟主轴或串行主轴时设定为 1，均不用时设 0

常用普通参数汇总

20

（续）

常用普通参数汇总		
参数含义	参数号	备注（一般设定值）
检测主轴速度到达信号	3708#0	1 为检测
主轴电动机最高夹紧速度	3736	限制值/最大值×4095
主轴各档最高转速	3741/2/3	电动机最大值/减速比
是否使用位置编码器	4002#1	使用设 1
主轴电动机参数初始化	4019#7	设 1 进行初始化，断开所有电，再上电。初始化完成后，自动变为 0
主轴电动机代码	4133	主轴电动机的最高转速。主轴电动机自动初始化后自动生成，可根据实际情况调整
主轴电动机最高转速	4020	根据实际的主轴电动机规格进行设定
CNC 控制轴数	8130（0i）	
手轮是否有效	8131#0	手轮有效为 1
串行主轴有效	3701#1	
直径编程	1006#3	同时 CMR＝1

2.5　设定伺服参数

伺服参数设定步骤		
步骤	操作	图示
1	把参数 3111#0 设置为 1，13117#2 设为 1	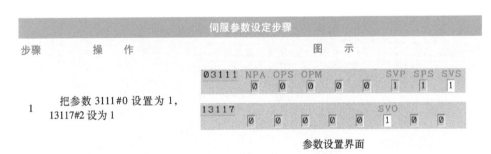参数设置界面
2	按【SYSTEM】按钮多次，出现查找 SV 设定界面按【SV 设定】按钮	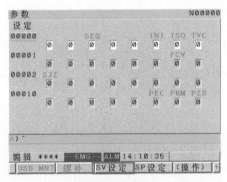查找 SV 设定界面

（续）

	伺服参数设定步骤	
步骤	操 作	图 示

3 | 进入伺服设定界面 |

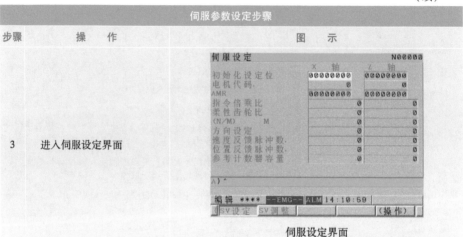

伺服设定界面

伺服设定

① 伺服参数可以在伺服设定界面中修改，也可以在参数表中修改，如电机代码设置为285，也可以修改参数 2020 为285，效果是一样的

② 每次改变电机代码，都要伺服初始化，把 INITIAL SET BITS 设置成 0。关机后开机，变成 1010，参数初始化完成。如果还是 0，伺服初始化未完成，417 报警

③ 电机代码，请参阅本书关于伺服电动机的说明表

④ 大多机床的 AMR 为 0，通常 CMR 为 2。对于车床的 X 轴涉及半径/直径编程需要进行修改

⑤ 设定柔性齿轮比

⑥ 电机方向，根据实际需求设定，只能是 111 或 -111，设置其他数据后，会出现 417 伺服参数设置错误的报警

⑦ 速度反馈脉冲数半闭环和全闭环通常均为 8192

⑧ 位置反馈脉冲数在半闭环情况下设定为 12500（全闭环情况下，要根据光栅尺的规格进行计算）

⑨ 参考计数器容量一般根据实际该轴的丝杠螺距、机械减速比进行计算设置（增量式回零方式设置错误会导致回零不准）

⑩ 其他的伺服参数设定，请参照 FANUC 伺服参数说明书

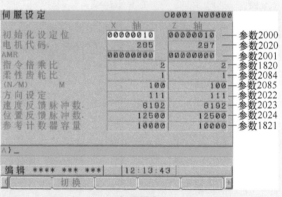

伺服设定

	常见螺距 /mm	N 参数 2084	M 参数 2085
在半闭环中需要设置 N/M = 螺距/1000（常用设置）。还可以先设置为 1/100，然后根据实际走的距离比，重新设置，这样可以省去测量机床丝杠	4	1	250
	5	1	200
	6	3	500
	8	1	125
	10	1	100
	12	3	250
	16	2	125

注：机床最小检测单位为 0.001mm。

2.6　设定主轴参数

2.6.1　主轴参数初始化

1）在 4133 号参数输入主轴电机代码（根据下表）。

2）参数 4019#7 = 1。

3）关机后开机，初始化完成。

αi，βi 列主轴电机代码表								
型号	βiI3/10000 βiSVSPx-5.5	βiI3/10000 βiSVSPx-7.5	βiI3/10000 βiSVSPx-11	βiI3/10000 βiSVSPx-15	βiI6/10000 βiSVSPx-11	βiI6/10000 βiSVSPx-15	βiI6/10000 βiSVSPx-18	βiI8/10000 βiSVSPx-11
								βiI8/10000 βiSVSPx-15
代码	332	336	337	338	333	339	359	341
								342
型号	βiI8/10000 βiSVSPx-18	βiI12/8000 βiSVSPx-15	βiI12/8000 βiSVSPx-18	βiI15/7000 βiSVSPx-18	βiIp15/6000 βiSVSPx-11	βiIp15/6000 βiSVSPx-15	βiIp15/6000 βiSVSPx-18	βiIp18/6000 βiSVSPx-11
								βiIp18/6000 βiSVSPx-15
代码	360	343	361	362	350	351	354	353
								352
型号	βiIp18/6000 βiSVSPx-18	βiIp22/6000 βiSVSPx-15	βiIp22/6000 βiSVSPx-18	βiIp30/6000 βiSVSPx-18	βiIc3/6000 βiSVSPc-7.5	βiIc6/6000 βiSVSPc-7.5	βiIc8/6000 βiSVSPc-711	
代码	355	356	357	358	271	272	273	
型号	αi0.5/10000	αi1/10000	αi1.5/10000	αi2/10000	αi3/10000	αi6/10000	αi8/8000	αiI2/7000
代码	301	302	304	306	308	310	312	314
型号	αiI15/7000	αi18/7000	αiI22/7000	αiI30/6000	αiI40/6000	αiI50/5000	αiI1.5/20000	αiI2/20000
代码	316	318	320	322	323	324	305	307
型号	αiI3/12000	αi6/12000	αiI8/10000	αiI12/10000	αiI15/10000	αiI18/10000	αiI22/10000	
代码	309	401	402	403	404	405	406	
型号	αiIp12/6000	αiIp12/8000	αiIp15/6000	αiIp15/8000	αiIp18/6000	αiIp18/8000	αiIp22/6000	αiIp22/8000
代码	407	407 N4020=8000 N4023=94	408	408 N4020=8000 N4023=94	409	409 N4020=8000 N4023=94	410	410 N4020=8000 N4023=94

型号：αiIp30/6000　代码：411

型号	αiIp40/6000	αiIp50/6000	αiIp60/4500	αiIp40/6000HV
代码	412	413	414	418

2.6.2　主轴设定常用参数

主轴设定常用参数			
参　数	符　号	意　义	备　注
4133		电机代码	
4019#7		初始化位	

（续）

主轴设定常用参数			
参　　数	符　　号	意　　义	备　　注
4000#0	RAOT1	主轴与主轴电动机旋转方向	
4001#4	Posc1/Ssdirc	主轴传感器装置方向	
4003#2/3		主轴定向旋转方向	
4010#0		电动机内置传感器类型	
4031		位置编码器定向位置	
4038		位置编码器定向速度	
4077		定向停止位置偏移量	

主轴传感器种类参数								
参数号	#7	#6	#5	#4	#3	#2	#1	#0
4002					SSTYP3	SSTYP2	SSTYP1	SSTYP0

　　主轴传感器的种类，设定安装在主轴上的分离式传感器（连接到主轴驱动器 JYA3 或 JYA4 接口）的种类及参数设定见下表。

主轴传感器参数设定				
SSTYP3	SSTYP2	SSTYP1	SSTYP0	主轴传感器种类
0	0	0	0	无，不进行位置控制
0	0	0	1	将电动机传感器用于位置反馈
0	0	1	0	αi 位置编码器
0	0	1	1	分离式 αiBZ 传感器、αiCZ 传感器（模拟）
0	1	0	0	α 位置编码器 S
0	1	1	0	分离式 αiCZ 传感器（串行）

2.6.3　维修常用参数使用

序号	参数名称及操作	参　数　号
1	反向间隙参数	1851
2	设定绝对位置编码器：1815#4 和 1815#5。当要设定绝对位置编码器时，1815#5 设为 1，然后把该轴移动到 0 点位置，再把 1815#4 设为 1。如果设置不成功，请把该轴移动一段距离后，返回到原点重新设定	1815#4 和 1815#5
3	全闭环改半闭环：先将 1815#1（OPT）设置成 0，机床为半闭环；然后修改参数 2084 和 2085，根据丝杠的螺距重新设定	1815#1、2084、2085
4	锁定机床【SYSTEM】按钮，在 SETTING 设置界面设置	3208#1 = 1
5	软超程报警：报警号为 500 或者 501，先把参数 1320 或者 1321 设置成 9999999 和 -99999999，去掉报警后，再把机床回到零点，最后输入原参数值即可。出现此类故障，多发生在更换丝杠、电动机或者重新输入参数	1320 或者 1321

（续）

序号	参数名称及操作	参　数　号
6	机床互锁信号：参阅参数 3003 说明，可以判断机床锁住	3003
7	中文显示	3281 = 15
8	伺服调整界面	3111#0 = 1
9	主轴监控界面	3111#1 = 1
10	操作者监控	3111#5 = 1
11	主轴定位，用于调整主轴换刀角度	4077
12	第二参考零点参数	1421
13	不回零操作：机床如果不回零，那么按自动方式运行	1005#0 = 1
14	宏程序保护：解除宏程序保护 3202＃0 NE8 = 0（8000～8999 号）；3202#4 NE9 = 0（9000～9999 号）	3202#0 3202#4
15	屏蔽串行主轴：维修有时需要隔离串行主轴	3701#1 = 1
16	机床快速移动（GO）速度	1420

第 3 章

输入与输出机床数据
（图解机床各类数据存储部分）

3.1 机床数据的分类

分类方式	分类	数据类型	备　注	数据存储卡图示
存储方式	EPROM	各种系统功能软件，各种驱动 PMC 运行程序	像计算机的声卡、显卡等驱动程序，固化，不丢失。不能全清掉	存储板
存储方式	RAM	系统参数 螺距误差补偿值 加工程序 宏程序 刀具补偿值 工件坐标系数据 PMC 参数等	在断电后，靠系统上面的 3V 电池供电。当电池无电时，数据丢失"ALM500"报警 开机时，同时按住【RESET】+【DELETE】按钮可以消除该报警	
数据输入者	FANUC 公司	各种系统功能软件，各种驱动	CF 卡传输	
数据输入者	机床厂家	PMC 运行程序，PMC 参数，机床运行用的宏程序（如换刀程序，出厂的螺距误差补偿）	RS232 和 CF 卡传输	
数据输入者	机床使用者	加工程序 宏程序 刀具补偿值 工件坐标系数据	RS232 和 CF 卡传输	

注：请扫下列二维码，观看更详细介绍。

3.2 机床数据传输方式

数据传输方式介绍				
序号	传输方式	需用硬件	优 缺 点	使用情况
1	纸带传输	纸带机	速度慢	极少用
2	RS232	计算机带串口传输线	方便，硬件便宜，各种 FANUC 系统都可以；缺点是容易烧串口	常用
3	CF 卡传输	CF 卡读卡器	方便，硬件便宜，可以 DNC	常用
4	便携软磁盘机	磁盘机	相当于一台简单的笔记本用软驱。但价格比其贵，维护成本高。和 RS232 用一个通道，但不容易烧串口	少用
5	无线传输	计算机无线接收器	方便，硬件稍贵，可以无线传输，不烧串口；缺点是距离不能太远	不常用
6	网络传输	计算机网线	DNC 模式要增加数据服务器	常用

3.3 RS232 操作说明

3.3.1 传输线的做法

传输线的做法	
做　　法	图　　示

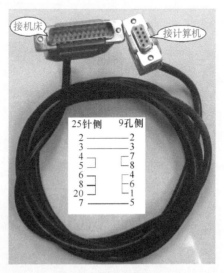

电缆选用
屏蔽电缆 0.2~0.5mm^2 3 芯
插头选用
DB25 针插头 1 个，DB9 孔插头 1 个
要求
1）电缆焊接按照右图
2）传输线不能超过 10m

RS232 传输线

3.3.2　FANUC 系统传输参数设置

RS232 传输参数设置	
操 作 步 骤	图　示
在 MDI 操作面板上，按【SYSTEM】按钮	SYSTEM
按下软键最右边的【翻页】键，直到出现 ALL I/O，双击进入	〔　〕〔　〕〔 PMC 〕〔　〕〔(操作)〕 ☞
设定参数和界面中一样（波特率为 4800）	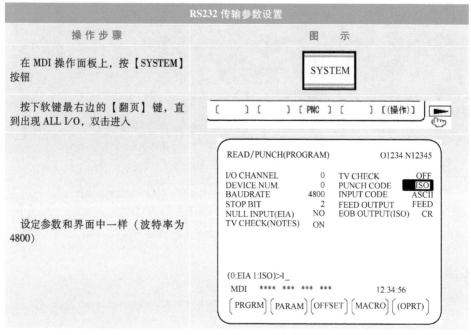

计算机传输软件的设置（以 NCSentry 为例）	
步　骤	图　示
打开传输软件	
单击【Send】按钮	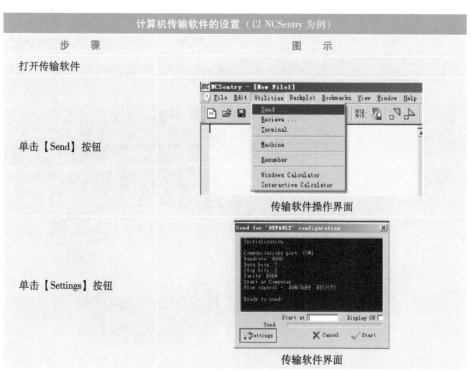　传输软件操作界面
单击【Settings】按钮	传输软件界面

（续）

计算机传输软件的设置（以 NCSentry 为例）	
步　骤	图　示
设置参数如传输软件参数设置界面	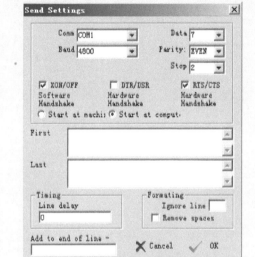传输软件参数设置界面
从第 2 步开始单击【Receive】按钮，重复第 3、4 步进行设定	

3.3.3　传输操作

将模式选择开关置于 EDIT（编辑）模式

模式选择开关位置

按下【SYSTEM】按钮

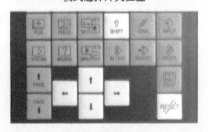

操作面板部分

(续)

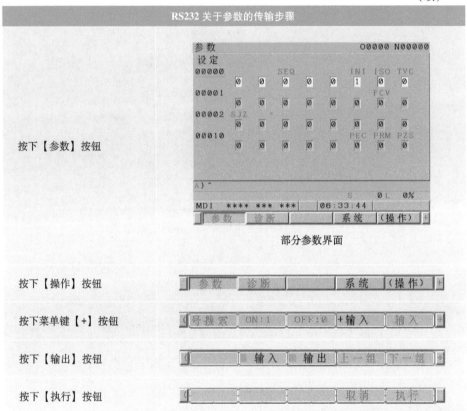

部分参数界面

按下【操作】按钮	
按下菜单键【+】按钮	
按下【输出】按钮	
按下【执行】按钮	

3.3.4 RS232 程序传输中的十大注意事项

1）传输距离不能超过 10m。

2）传输线要接屏蔽线。

3）计算机要接地线，最好加光电隔离口。

4）计算机和机床的波特率要设置一致。

5）机床上要用 ISO 码。

6）I/O 通道设置为 0 和 1，传输线接主板的 JD36A；设置成 2，传输线接 JD36B。

7）计算机中最好安装一种传输软件，不然有可能端口冲突。

8）操作顺序要正确。有的软件是先机床操作，再电脑操作；有的相反。

9）不能带电插拔（即计算机和机床都开机的状态下插拔传输线）。

10）文件标头要统一。软件甲和软件乙传出来文件标头不一定一样，如果用乙软件传输甲软件传出来的文件，可能不识别，需要修改标头。

RS232 接口的说明	
序号	说　明
1	FANUC 传输口为数字芯片，不可能出现偶发性故障。如出现偶发故障，大多是外围原因
2	0iD 有两对输入、输出口，即 JD36A 和 JD36B，其中一个是备用
3	机床输入、输出都是在一个接口里面，但是输入和输出故障一般很少同时发生
4	DNC 操作，需要机床的输入、输出口都能正常工作，才可以完成
5	如果出现 85、86 或者 87 故障，请直接更换传输线
6	FANUC 系统方面的故障，由传输引起的最多，严重者会产生黑屏等现象

3.4　CF 卡操作说明

3.4.1　CF 卡的选择

CF 卡的选择	
选择说明	图　示
在市场上，普通常用的 CF 卡（2G 以内），都可以用于 0iD 系统。CF 卡的选择要注意品牌和插针，质量较差的 CF 卡容易损坏插针	 CF 卡

3.4.2　CF 卡参数的设定

CF 卡参数的设定	
说　明	图　示
在设定界面把 I/O 设为 4（如果修改不成功，修改参数 20 为 4）	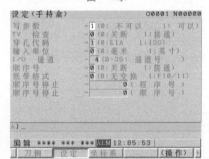 通道参数设置界面

31

3.4.3 CF 卡数据传输

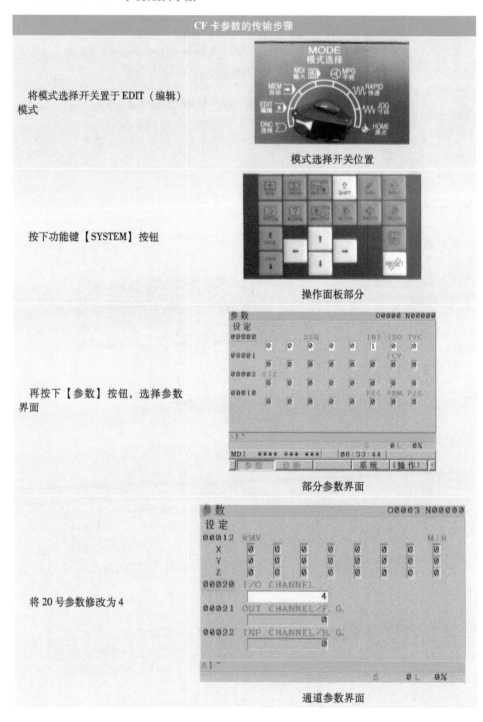

CF 卡参数的传输步骤	
将模式选择开关置于 EDIT（编辑）模式	模式选择开关位置
按下功能键【SYSTEM】按钮	操作面板部分
再按下【参数】按钮，选择参数界面	部分参数界面
将 20 号参数修改为 4	通道参数界面

（续）

CF 卡参数的传输步骤	
按下【操作】按钮	参数　诊断　　　系统　（操作）　+
按下菜单键【+】按钮	号搜索　ON:1　OFF:0　+输入　输入　+
按下【输出】按钮	输入　输出　上一组　下一组　+
按下【执行】按钮	取消　执行

CF 卡操作注意事项	
说　　明	图　　示

1）CF 卡操作，经常插反，最容易损坏系统内部卡槽。0iD 系统的卡槽型号是 A66L-2050-0029#A

2）在 CF 卡与机床通信期间，不能插拔 CF 卡或者关机

3）机床数据全清或者机床电池掉电报警，都可以通过 CF 卡恢复

4）如果把计算机的隐藏文件存储在 CF 卡中，再插到 0iD 上，0iD 也不能识别

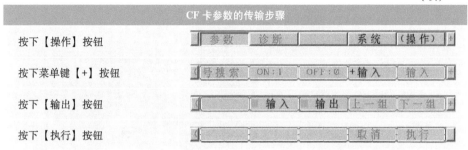

CF 卡槽

3.4.4　机床数据（易丢失数据 SRAM）的 BOOT 备份（GHOST 备份）

机床数据备份步骤	
步　　骤	图　　示

把 CF 卡正确插入卡槽内

按住按钮排下面最右边的两个按键（6 和 7），然后开机

出现开机 BOOT 界面，放开按钮

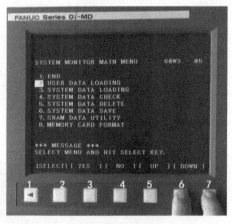

开机 BOOT 界面

（续）

机床数据备份步骤	
步　　骤	图　　示
按右边的按钮【DOWN】（下），光标一直到"7. SRAM DATA UTILITY"	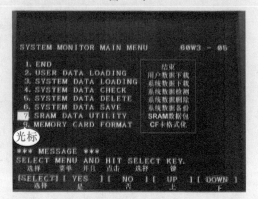 查找数据包界面
按【SELECT】按钮（选择键）进入内容选择界面	 内容选择界面
进入界面，选择第一项（机床数据备份操作），然后再按【SELECT】按钮	
是否保存数据，选择【YES】按钮	 数据保存确认界面

（续）

机床数据备份步骤	
步　骤	图　示
完成后，出现数据保存完成界面，可以直接关机。重新启动系统	数据保存完成界面

上述操作是对机床 SRAM 中的数据进行的备份，相当于计算机的 GHOST 备份。如果要恢复 SRAM 中的数据，在第 7 步之后按选项"2. SRAM RESTORE "

注：请扫下列二维码，观看更详细介绍。

3.4.5　机床梯形图的备份及恢复

从本章的 3.1 节知道，机床的 PMC 运行程序存在 EPROM 中，一般不容易丢失。

梯形图下载备份，操作步骤见下表：

机床梯形图的下载备份	
步　骤	图　示
开机参照 3.3.4，进行到第 3 步，进入开机 BOOT 界面	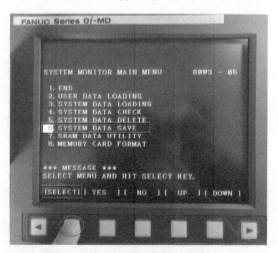开机 BOOT 界面

（续）

机床梯形图的下载备份	
步　骤	图　示
用【UP】按钮或者【DOWN】按钮，把光标移到"6.SYSTEM DATA SAVE"，按【SELECT】按钮，进入功能选择界面 进入界面后，按按钮最右边的【翻页】按钮	 功能选择界面 （这界面显示的都是 FANUC 系统按钮）
翻页 3 次，出现 PMC 选择界面。选择"63　PMC1"，按【SELECT】按钮（有的机床不一定在第 63 项，但都是"PMC"开头）	 PMC 选择界面
出现"SYSTEM DATA SAVE? HIT YES OR NO"，询问是否要数据备份，按【SELECT】按钮	 数据保存确认界面

（续）

机床梯形图的下载备份	
步　骤	图　示
过 10s，会出现备份完成界面，梯形图备份完成	 备份完成界面

梯形图上传，操作步骤见下表：

机床梯形图的上传	
步　骤	图　示
把编辑好的梯形图文件存储到 CF 卡，把 CF 卡插入卡槽 　按住显示器下方最右边 2 个按钮（6 和 7），然后开机	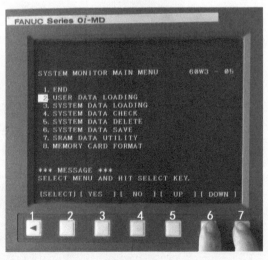 开机 BOOT 界面

（续）

机床梯形图的上传	
步　骤	图　示
用【UP】按钮或者【DOWN】按钮，把光标移到"3. SYSTEM DATA LOADING"，按【SELECT】按钮	
进入右图所示界面后，用【UP】（上翻页）或者【DOWN】（下翻页）按钮把光标移到 PMC1.000 文件（名字可任意命名，如 AAA）	 CF 卡内待上传文件
按左下角【SELECT】按钮（选择），再按【YES】按钮，开始梯形图的恢复	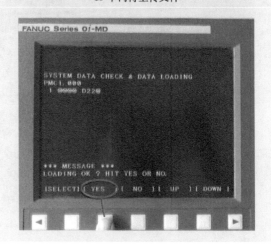

（续）

机床梯形图的上传	
步　骤	图　示
等到出现 "LOADING COMPLETE"，恢复完成，关机后开机	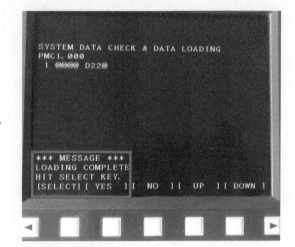

注：请扫下列二维码，观看更详细介绍。

3.4.6　CF 卡 DNC 操作

CF 卡 DNC 操作详解	
步　骤	图　示
I/O 通道设置为 4，参数 138#7 设置为 1　将所需程序 CF 卡插入卡槽（尽量避免热插拔，确保卡内无病毒，否则在机床上代码指令可能为乱码）　将波段开关置于在线加工模式 RMT（DNC），如果某些机床不是波段开关进行模式选择，可按【AUTO】按钮+【在线加工】按钮，再按系统 MDI 面板【PROG】按钮，将出现进入项目界面	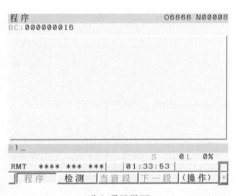 进入项目界面

（续）

步　骤	图　示
	CF 卡 DNC 操作详解

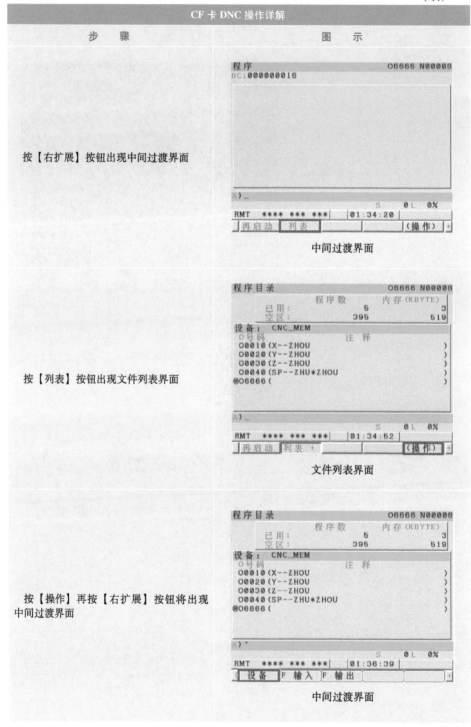

按【右扩展】按钮出现中间过渡界面

中间过渡界面

按【列表】按钮出现文件列表界面

文件列表界面

按【操作】再按【右扩展】按钮将出现中间过渡界面

中间过渡界面

（续）

CF 卡 DNC 操作详解	
步　骤	图　示

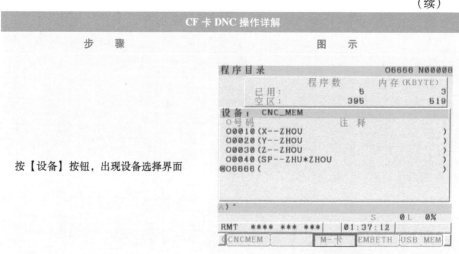

按【设备】按钮，出现设备选择界面

设备选择界面

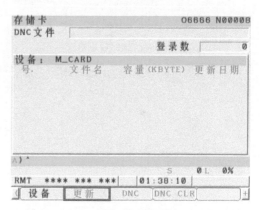

按【M-卡】按钮，出现选定 CF 卡界面

选定 CF 卡界面

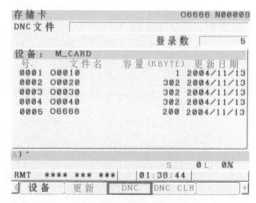

按【更新】按钮出现 CF 卡中文件列表界面

CF 卡中文件列表界面

（续）

CF 卡 DNC 操作详解	
步　骤	图　示
选择需要运行的程序，如 O6666 程序，输入序列号 0005，按按钮【DNC】，将出现程序选择界面	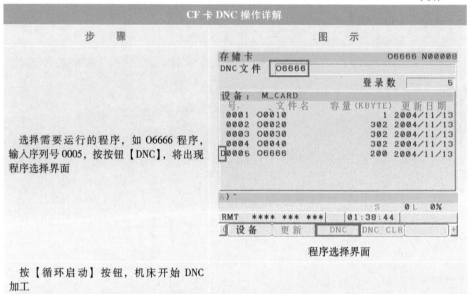程序选择界面
按【循环启动】按钮，机床开始 DNC 加工	

第4章

αi 和 βi 伺服的结构和原理（图解驱动部分）

下图为 FANUC 系统主要组成结构。

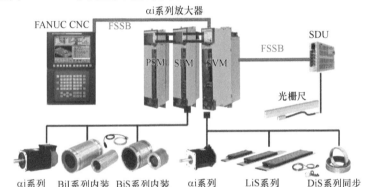

FANUC 系统组成图

4.1 αi 电源主轴伺服连接

αi 电源主轴伺服连接	
详　解	图　示

从左到右分别为电源驱动器（A06B-6140-H015）、主轴驱动器（A06B-6141-H011）、双轴伺服驱动器（A06B-6117-H209）、单轴伺服驱动器（A06B-6117-H104）

系统实物连接

（续）

αi 电源主轴伺服连接	
详　解	图　示
驱动工作原理： 回路1： 1）三相 AC 220V 电源通过 MCC 连接到电源的输入端 L1、L2、L3 2）电源将交流电转化成 DC 300V 3）DC 300V 通过导线连接主轴驱动器和各个伺服驱动器 4）主轴驱动器和伺服驱动器把 DC 300V 变成三相交流电，以控制电动机的精确运行 回路2： 1）单相 AC 220V，从电源 CX1A 接口输入 2）电源把 AC 220V，变成 DC 24V 3）DC 24V 通过伺服串联线 CXA2A、CXA2B，供给各个主轴驱动器和伺服驱动器 4）主轴驱动器和伺服驱动器把 DC 24V 转化成 +5V、+15V、−15V 等电压，以控制驱动器内部弱电控制部分工作	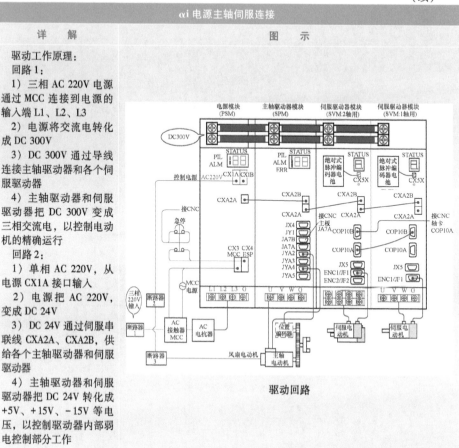 驱动回路

4.2　机床开机步骤与常见开机故障

机床开机步骤				
序号	操作	图例	现象	备注
1	机床接通总电源	 机床总控制断路器	1）机床电气柜风扇运转 2）控制电源单相 AC 220V 输入 3）CXA2A 有+24V 输出 4）电源驱动器、主轴驱动器和伺服驱动器报警显示开始显示 5）电源驱动器显示：━ ━ 　主轴驱动器显示：━ ━ ━ 　闪烁 　伺服驱动器显示：━	

（续）

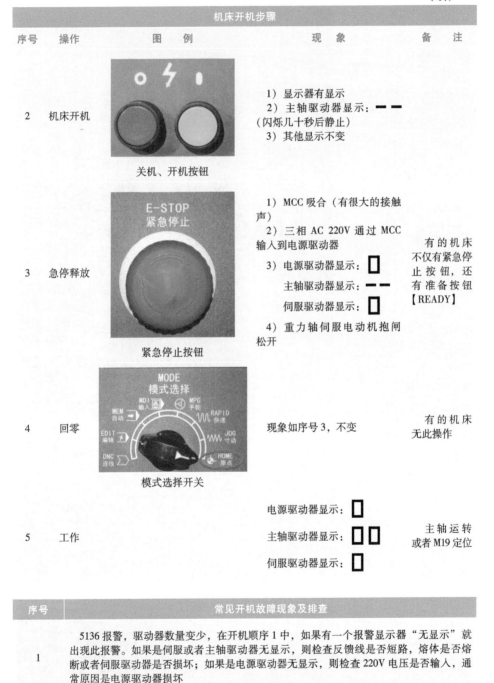

序号	操作	图 例	现 象	备 注
2	机床开机	关机、开机按钮	1）显示器有显示 2）主轴驱动器显示：▬ ▬ （闪烁几十秒后静止） 3）其他显示不变	
3	急停释放	紧急停止按钮	1）MCC 吸合（有很大的接触声） 2）三相 AC 220V 通过 MCC 输入到电源驱动器 3）电源驱动器显示：▯ 主轴驱动器显示：▬ ▬ 伺服驱动器显示：▯ 4）重力轴伺服电动机抱闸松开	有的机床不仅有紧急停止按钮，还有准备按钮【READY】
4	回零	模式选择开关	现象如序号3，不变	有的机床无此操作
5	工作		电源驱动器显示：▯ 主轴驱动器显示：▯ ▯ 伺服驱动器显示：▯	主轴运转或者 M19 定位

机床开机步骤（表头）

序号	常见开机故障现象及排查
1	5136 报警，驱动器数量变少，在开机顺序 1 中，如果有一个报警显示器"无显示"就出现此报警。如果是伺服或者主轴驱动器无显示，则检查反馈线是否短路，熔体是否熔断或者伺服驱动器是否损坏；如果是电源驱动器无显示，则检查 220V 电压是否输入，通常原因是电源驱动器损坏
2	在开机顺序 1 中，还有其他报警，应排除报警后再开机

4.3 电源驱动器 PSM （POWER SUPPLY MODULE）

4.3.1 电源驱动器解析

电源驱动器解析	
接口名称与作用	接口图示

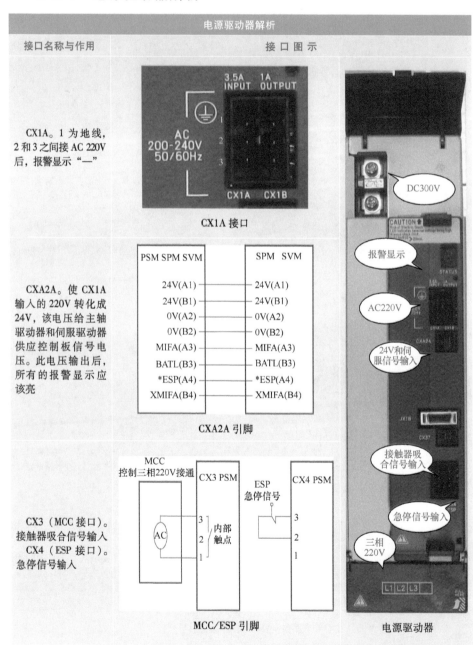

CX1A。1 为地线，2 和 3 之间接 AC 220V 后，报警显示"—"

CX1A 接口

CXA2A。使 CX1A 输入的 220V 转化成 24V，该电压给主轴驱动器和伺服驱动器供应控制板信号电压。此电压输出后，所有的报警显示应该亮

CXA2A 引脚

CX3（MCC 接口）。接触器吸合信号输入
CX4（ESP 接口）。急停信号输入

MCC/ESP 引脚

电源驱动器

4.3.2 电源驱动器控制板解析

电源驱动器控制板解析	
说　明	图　示
抽出电源驱动器控制板	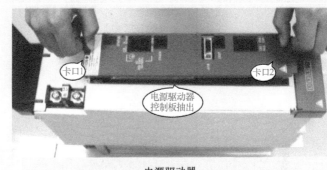电源驱动器
抽出后的电源驱动器控制板 控制板又称信号处理板。控制板抽出后，剩余部分为电源控制器功率板。功率板为强电驱动板	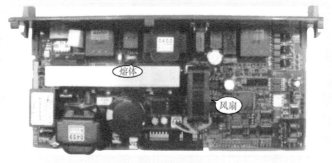电源驱动器控制板

4.3.3 电源驱动器的型谱

电源驱动器的型谱			
名　称	型　号	电源功率板	电源驱动器控制板
αiPS 5.5	A06B-6110-H006	A16B-2203-0640	A20B-2100-0760
αiPS 11	A06B-6110-H011	A16B-2203-0641	A20B-2100-0760
αiPS 15	A06B-6110-H015	A16B-2203-0642	A20B-2100-0760
αiPS 26	A06B-6110-H026	A16B-2203-0630	A20B-2100-0761
αiPS 30	A06B-6110-H030	A16B-2203-0631	A20B-2100-0761
αiPS 37	A06B-6110-H037	A16B-2203-0632	A20B-2100-0761
αiPS 55	A06B-6110-H055	A20B-1008-0081 （Driver PCB）A20B-2003-0420	A20B-2100-0761
αiPS 5.5	A06B-6140-H006	A16B-2203-0640	A20B-2100-0390
αiPS 11	A06B-6140-H011	A16B-2203-0641	A20B-2100-0390
αiPS 15	A06B-6140-H015	A16B-2203-0642	A20B-2100-0390
αiPS 26	A06B-6140-H026	A16B-2203-0630	A20B-2100-0390

（续）

电源驱动器的型谱			
名　称	型　号	电源功率板	电源驱动器控制板
αiPS 30	A06B-6140-H030	A16B-2203-0631	A20B-2100-0390
αiPS 37	A06B-6140-H037	A16B-2203-0632	A20B-2100-0390
αiPS 55	A06B-6140-H055	A20B-1008-0081 （Driver PCB）A20B-2003-0420	A20B-2100-0390

4.4　主轴驱动器 SPM（SPINDLE MODULE）

4.4.1　主轴驱动器解析

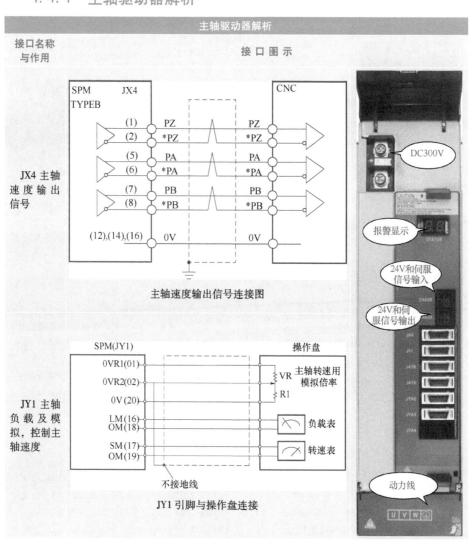

主轴驱动器解析	
接口名称 与作用	接口图示

JX4 主轴速度输出信号

主轴速度输出信号连接图

JY1 主轴负载及模拟，控制主轴速度

JY1 引脚与操作盘连接

（续）

主轴驱动器解析

| 接口名称
与作用 | 接口图示 |

JA7B。主
轴指令线，
接 CNC 主
板 JA41

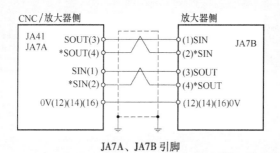

CNC / 放大器侧　　　　　　　放大器侧

JA41
JA7A　　SOUT(3)　　　　　(1)SIN　　JA7B
　　　　*SOUT(4)　　　　(2)*SIN
　　　　SIN(1)　　　　　(3)SOUT
　　　　*SIN(2)　　　　(4)*SOUT
　　　0V(12)(14)(16)　　(12)(14)(16)0V

JA7A、JA7B 引脚

JA7A。主
轴指令线，
接下一个主
轴驱动器

JA7A。主
轴电动机反
馈线

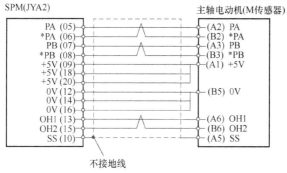

SPM(JYA2)　　　　　　　　主轴电动机(M传感器)

PA (05)　　　　　　　(A2) PA
*PA (06)　　　　　　(B2) *PA
PB (07)　　　　　　 (A3) PB
*PB (08)　　　　　　(B3) *PB
+5V (09)　　　　　　(A1) +5V
+5V (18)
+5V (20)
0V (12)　　　　　　 (B5) 0V
0V (14)
0V (16)
OH1 (13)　　　　　　(A6) OH1
OH2 (15)　　　　　　(B6) OH2
SS (10)　　　　　　 (A5) SS

不接地线

JYA2 引脚

主轴电动机编码器

DC300V

报警显示

24V和伺服
信号输入

24V和伺
服信号输出

动力线

U V W

（续）

主轴驱动器解析	
接口名称与作用	接 口 图 示
JYA3。外置主轴转速检测和定位，接1024脉冲方波的主轴位置编码器，接 NPN、PNP 接近开关	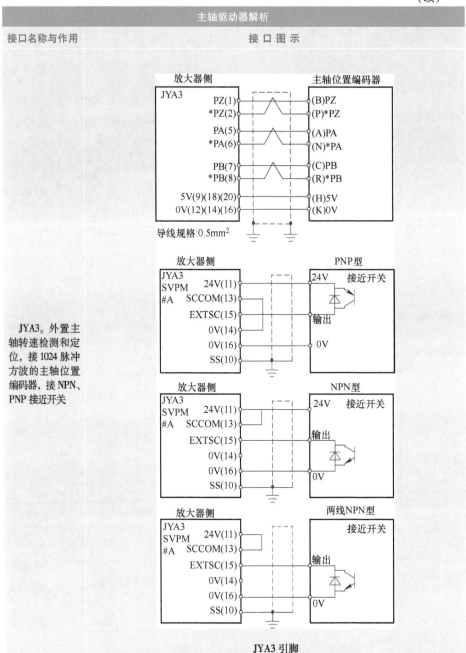

（续）

主轴驱动器解析	
接口名称与作用	接口图示
JYA4。接正弦波的主轴位置编码器	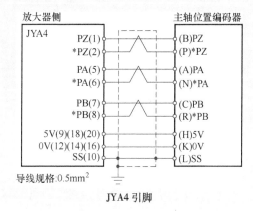 导线规格:0.5mm^2 JYA4 引脚

4.4.2 主轴驱动器控制板

主轴驱动器控制板	
说　明	图　示
1）主轴驱动器控制板取出方法和电源驱动器控制板相同。主轴的功率不同，功率板的型号不同 2）当主轴驱动器有电但数码管无显示时，检查 3.2A 的熔体 3）6141 系列的主轴驱动器可以替代 6111 系列的主轴驱动器，但要求功率相同	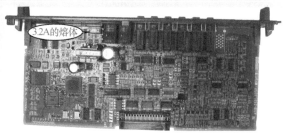 主轴驱动器控制板

4.4.3 主轴驱动器的型谱

主轴驱动器的型谱（A 型）			
名　称	型　号	功　率　板	控制板（侧板）
αiSP2.2	A06B-6111-H002	A16B-2203-0650	A20B-2100-0800
αiSP5.5	A06B-6111-H006	A16B-2203-0651	A20B-2100-0800
αiSP11	A06B-6111-H011	A16B-2203-0652	A20B-2100-0800
αiSP15	A06B-6111-H015	A16B-2203-0653	A20B-2100-0800
αiSP22	A06B-6111-H022	A16B-2203-0620	A20B-2100-0800
αiSP26	A06B-6111-H026	A16B-2203-0621	A20B-2100-0800
αiSP30	A06B-6111-H030	A16B-2203-0622	A20B-2100-0800

（续）

主轴驱动器的型谱（A 型）			
名　称	型　号	功　率　板	控制板（侧板）
αiSP37	A06B-6111-H037	A16B-2203-0623	A20B-2100-0800
αiSP45	A06B-6111-H045	A20B-1008-0090 （Driver PCB）A20B-2003-0420	A20B-2100-0800
αiSP55	A06B-6111-H055	A20B-1008-0091 （Driver PCB）A20B-2003-0420	A20B-2100-0800
αiSP2.2	A06B-6141-H002	A16B-2203-0656	A20B-2101-0350
αiSP5.5	A06B-6141-H006	A16B-2203-0657	A20B-2101-0350
αiSP11	A06B-6141-H011	A16B-2203-0658	A20B-2101-0350
αiSP15	A06B-6141-H015	A16B-2203-0659	A20B-2101-0350
αiSP22	A06B-6141-H022	A16B-2203-0870	A20B-2101-0350
αiSP26	A06B-6141-H026	A16B-2203-0871	A20B-2101-0350
αiSP30	A06B-6141-H030	A16B-2203-0872	A20B-2101-0350
αiSP37	A06B-6141-H037	A16B-2203-0873	A20B-2101-0350
αiSP45	A06B-6141-H045	A20B-1008-0092 （Driver PCB）A20B-2003-0770	A20B-2101-0350
αiSP55	A06B-6141-H055	A20B-1008-0093 （Driver PCB）A20B-2003-0770	A20B-2101-0350

主轴驱动器的型谱（B 型）			
名　称	型　号	功　率　板	控制板（侧板）
αiSP2.2	A06B-6112-H002	A16B-2203-0650	A20B-2100-0801
αiSP5.5	A06B-6112-H006	A16B-2203-0651	A20B-2100-0801
αiSP11	A06B-6112-H011	A16B-2203-0652	A20B-2100-0801
αiSP15	A06B-6112-H015	A16B-2203-0653	A20B-2100-0801
αiSP22	A06B-6112-H022	A16B-2203-0620	A20B-2100-0801
αiSP26	A06B-6112-H026	A16B-2203-0621	A20B-2100-0801
αiSP30	A06B-6112-H030	A16B-2203-0622	A20B-2100-0801
αiSP37	A06B-6112-H037	A16B-2203-0623	A20B-2100-0801
αiSP45	A06B-6112-H045	A20B-1008-0090 （Driver PCB）A20B-2003-0420	A20B-2100-0801
αiSP55	A06B-6112-H055	A20B-1008-0091 （Driver PCB）A20B-2003-0420	A20B-2101-0355
αiSP2.2	A06B-6142-H002	A16B-2203-0656	A20B-2101-0351
αiSP5.5	A06B-6142-H006	A16B-2203-0657	A20B-2101-0351
αiSP11	A06B-6142-H011	A16B-2203-0658	A20B-2101-0351
αiSP15	A06B-6142-H015	A16B-2203-0659	A20B-2101-0351
αiSP22	A06B-6142-H022	A16B-2203-0870	A20B-2101-0351
αiSP26	A06B-6142-H026	A16B-2203-0871	A20B-2101-0351
αiSP30	A06B-6142-H030	A16B-2203-0872	A20B-2101-0351
αiSP37	A06B-6142-H037	A16B-2203-0873	A20B-2101-0351
αiSP45	A06B-6142-H045	A20B-1008-0092 （Driver PCB）A20B-2003-0770	A20B-2101-0351
αiSP55	A06B-6142-H055	A20B-1008-0093 （Driver PCB）A20B-2003-0770	A20B-2101-0351

主轴驱动器的型谱（αCi 系列主轴驱动器 220V 输入）			
名　　称	型　　号	功　率　板	控制板（侧板）
SPMC-2.2i	A06B-6116-H002	A16B-2203-0650	A20B-2100-0802
SPMC-5.5i	A06B-6116-H006	A16B-2203-0651	A20B-2100-0802
SPMC-11i	A06B-6116-H011	A16B-2203-0652	A20B-2100-0802
SPMC-15i	A06B-6116-H015	A16B-2203-0653	A20B-2100-0802
SPMC-22i	A06B-6116-H022	A16B-2203-0620	A20B-2100-0802

4.5 αi 伺服驱动器 SVM（SERVO MODULE）

4.5.1 αi 伺服驱动器解析

αi 伺服驱动器解析		
接口名称	接口说明	图　示
CX5X	绝对位置编码器用 6V 电池，上正下负	
CXA2B 和 CXA2A	参照电源驱动器 CXA2A 接口的说明	
COP10B	伺服指令信号光纤输入	
COP10A	伺服指令信号光纤输出	
	反馈线接口，从电动机编码器接入	

αi 伺服驱动器

JF1（JF2、JF3）
单轴伺服驱动器，
只有 JF1
双轴伺服驱动器为
JF1（L）、JF2（M）
三轴伺服驱动器为
JF1（L）、JF2（M）、
JF3（N）

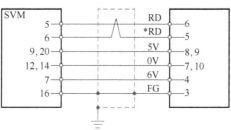

动力线接口

从电动机动力线接口接入
U—A V—B W—C G—D
该相序不能接反，否则一开机电动机振动，伺服驱动
器有可能过流报警

4.5.2 伺服驱动器的型谱

1. 单轴伺服驱动器的型谱（AC 220V 输入）

单轴伺服驱动器的型谱			
名　称	型　号	功　率　板	控制板（侧板）
αiSV20	A06B-6114-H103	A16B-2203-0691	A20B-2101-0040 （A20B-2100-0740）
αiSV40	A06B-6114-H104	A16B-2203-0660	
αiSV80	A06B-6114-H105	A16B-2203-0661	
αiSV160	A06B-6114-H106	A16B-2203-0662	
αiSV360	A06B-6114-H109	A16B-2203-0625 A16B-2203-0875	A20B-2101-0070 （A20B-2100-0830）
αiSV4	A06B-6117-H101	A16B-2203-0690	
αiSV20	A06B-6117-H103	A16B-2203-0691	
αiSV40	A06B-6117-H104	A16B-2203-0660	A20B-2101-0040
αiSV80	A06B-6117-H105	A16B-2203-0661	
αiSV160	A06B-6117-H106	A16B-2203-0662	
αiSV360	A06B-6117-H109	A16B-2203-0875	A20B-2101-0070
αiSV20L	A06B-6117-H153	A16B-2203-0666	
αiSV40L	A06B-6117-H154	A16B-2203-0660	
αiSV80L	A06B-6117-H155	A16B-2203-0667	A20B-2101-0040
αiSV160L	A06B-6117-H156	A16B-2203-0663	

2. 双轴伺服驱动器的型谱（AC 220V 输入）

双轴伺服驱动器的型谱			
名　称	型　号	功　率　板	控制板（侧板）
αiSV4/4	A06B-6114-H201	A16B-2203-0692	A20B-2101-0041 （A20B-2100-0741）
αiSV20/20	A06B-6114-H205	A16B-2203-0695	
αiSV20/40	A06B-6114-H206	A16B-2203-0670	
αiSV40/40	A06B-6114-H207	A16B-2203-0671	
αiSV40/80	A06B-6114-H208	A16B-2203-0672	
αiSV80/80	A06B-6114-H209	A16B-2203-0673	
αiSV80/160	A06B-6114-H210	A16B-2203-0674	
αiSV160/160	A06B-6114-H211	A16B-2203-0675	
αiSV4/4	A06B-6117-H201	A16B-2203-0692	
αiSV4/20	A06B-6117-H203	A16B-2203-0694	
αiSV20/20	A06B-6117-H205	A16B-2203-0695	A20B-2101-0041
αiSV20/40	A06B-6117-H206	A16B-2203-0670	
αiSV40/40	A06B-6117-H207	A16B-2203-0671	

（续）

双轴伺服驱动器的型谱			
名　　称	型　　号	功　率　板	控制板（侧板）
αiSV40/80	A06B-6117-H208	A16B-2203-0672	
αiSV80/80	A06B-6117-H209	A16B-2203-0673	
αiSV80/160	A06B-6117-H210	A16B-2203-0674	
αiSV160/160	A06B-6117-H211	A16B-2203-0675	
αiSV20/20L	A06B-6117-H255	A16B-2203-0677	A20B-2101-0041
αiSV20/40L	A06B-6117-H256	A16B-2203-0678	
αiSV40/40L	A06B-6117-H257	A16B-2203-0679	
αiSV40/80L	A06B-6117-H258	A16B-2203-0672	
αiSV80/80L	A06B-6117-H259	A16B-2203-0673	

3. 三轴伺服驱动器的型谱（AC 220V 输入）

三轴伺服驱动器的型谱			
名　　称	型　　号	功　率　板	控制板（侧板）
αiSV4/4/4	A06B-6114-H301	A16B-2203-0696	A20B-2101-0042
αiSV20/20/20	A06B-6114-H303	A16B-2203-0698	（A20B-2100-0742）
αiSV20/20/40	A06B-6114-H304	A16B-2203-0680	
αiSV4/4/4	A06B-6117-H301	A16B-2203-0696	
αiSV20/20/20	A06B-6117-H303	A16B-2203-0698	A20B-2101-0042
αiSV20/20/40	A06B-6117-H304	A16B-2203-0680	

伺服驱动器轴数的判断及报警	
轴数判断	H10×（代表 1 轴驱动器） H20×（代表 2 轴驱动器） H30×（代表 3 轴驱动器） 后面的×值越大，说明功率越大

伺服驱动器控制板可以从伺服驱动器中直接抽出

机床 5136 报警时，首先检查伺服驱动器中的 3.2A 熔体是否熔断

伺服驱动器控制板

4.6　βi 伺服驱动器

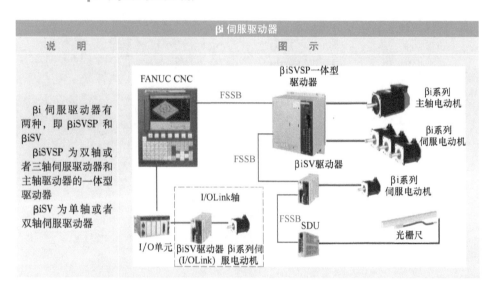

说　明	图　示
βi 伺服驱动器有两种，即 βiSVSP 和 βiSV βiSVSP 为双轴或者三轴伺服驱动器和主轴驱动器的一体型驱动器 βiSV 为单轴或者双轴伺服驱动器	βi 伺服驱动器

4.6.1　单轴伺服驱动器 βiSV A06B- 6130- H002/A06B- 6160- H002 接口说明

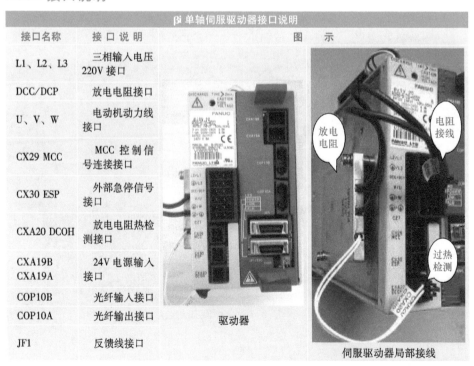

βi 单轴伺服驱动器接口说明

接口名称	接口说明	图　示
L1、L2、L3	三相输入电压 220V 接口	
DCC/DCP	放电电阻接口	
U、V、W	电动机动力线接口	
CX29 MCC	MCC 控制信号连接接口	
CX30 ESP	外部急停信号接口	
CXA20 DCOH	放电电阻热检测接口	
CXA19B CXA19A	24V 电源输入接口	
COP10B	光纤输入接口	
COP10A	光纤输出接口	
JF1	反馈线接口	

驱动器

伺服驱动器局部接线

4.6.2 单轴 βi 伺服驱动器 A06B-6130-H003/A06B-6160-H003 （H004） 解析

	单轴 βi 伺服驱动器 （SVM-40i，SVM-80i） 解析	
接 口 名 称	接 口 说 明	图 示
CXA19B	24V 电源输入接口	
CXA19A	24V 电源输出接口	
CX29	MCC 控制信号连接接口	
CX30	外部急停信号接口	
CXA20	DCOH 放电电阻检测接口	
COP10B	伺服指令信号光纤输入接口	
COP10A	伺服指令信号光纤输出接口	
CX5X	绝对位置编码器用 6V 电池，上正下负	
JF	反馈线入口	
CZ4	三相 220V 输入接口	
CZ5	三相动力线接电动机	
CZ6	连接放电电阻	

6130-H003 H004 βi 伺服驱动器

(续)

单轴 βi 伺服驱动器 (SVM-40i, SVM-80i) 解析

βiSVM　　CXA19A、CXA19B　βiSVM

βiSVM		CXA19A、CXA19B	βiSVM	
CXA19B-A1	(24V)		CXA19A-A1	(24V)
CXA19B-B1	(24V)		CXA19A-B1	(24V)
CXA19B-A2	(0V)		CXA19A-A2	(0V)
CXA19B-B2	(0V)		CXA19A-B2	(0V)
CXA19B-A3	(ESP)		CXA19A-A3	(ESP)
CXA19B-B3	(BAT)		CXA19A-B3	(BAT)

βiSVM
CX29-1(RLY1)

CX29-3(RLY2)

βiSVM
CX30-1(24V)

CX30-3(ESP)

βiSVM　CZ6

CZ6-B1　(RC)

CZ6-B2　(RE)

放电电阻

CXA20

CXA20-1　(TH1)

CXA20-2　(TH2)

过热开关

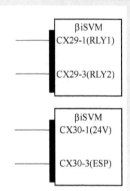

当伺服电动机起动频繁，会产生大量的热量，由此电阻释放掉。当热量过大时，放电电阻熔断，阻值变大，过热保护开关打开，伺服驱动器开始报警，停止工作

如果不接放电电阻，需用导线直接短接RC和RE，以及TH1和TH2

电缆接线图样

βi 单轴伺服驱动器的型谱

型号	型　号	功率板	控制板
βiSV4	A06B-6130-H001	A20B-2101-0090	A20B-2101-0050
βiSV20	A06B-6130-H002	A20B-2101-0091	
βiSV40	A06B-6130-H003	A16B-3200-0512	A20B-2101-0051
βiSV80	A06B-6130-H004	A16B-3200-0513	
βiSV4	A06B-6160-H001	A20B-2101-0090	
βiSV20	A06B-6160-H002	A20B-2101-0091	A20B-2102-0081
βiSV40	A06B-6160-H003	A16B-3200-0512	
βiSV80	A06B-6160-H004	A16B-3200-0513	

3.2A的熔体

βi 驱动器控制板

βi 单轴伺服驱动器特别说明

1) 6160 系列驱动器是 6130 系列驱动器升级品，可以替代 6130 系列驱动器

2) 单独给 CXA19B 输入 24V，光纤接口 COP10A、COP10B，应该各有一束光射出，如无光，机床报警 5136，检测到伺服驱动器数量少。应检查熔体（控制板上面）或者反馈线是否短路

4.6.3　βiSVSP 伺服驱动器（主轴伺服一体驱动器）

1. βiSVSP 伺服驱动器解析

序号	接口名称	接口说明	图 示
			βiSVSP 伺服驱动器解析
1	STATUS2	第 1 个数码管，伺服报警显示	
2	STATUS3	第 2、3 个数码管，主轴报警显示	
3	CX3（MCC）	接触器控制三相电源输入驱动器	
4	CX4（ESP）	急停接口	
5	CX36	三相 AC 220V，断电检测信号	
6	CXA2C	DC 24V 输入接口（驱动器控制供电）	
7	CXA2A	DC 24V 输出接口	
8	COP10B	伺服指令信号光纤输入接口	
9	COP10A	伺服指令信号光纤输出接口	
10	CX5X	绝对位置编码器用 6V 电池，上正下负	
11	ENC1/JF1、ENC2/JF2、ENC3/JF3	反馈线接口，从电动机编码器接入 3 个插头，可以接 3 个电动机的反馈线	
12	JX6	连接后备电源模块	
13	JY1	主轴负载及模拟控制主轴速度接口	

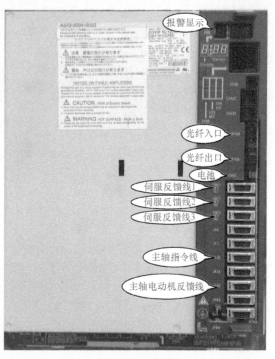

报警显示
光纤入口
光纤出口
电池
伺服反馈线1
伺服反馈线2
伺服反馈线3
主轴指令线
主轴电动机反馈线

βiSVSP 伺服驱动器

（续）

序号	接口名称	接口说明	图 示
14	JA7B	主轴指令线接口，接 CNC 主板 JA41	
15	JA7A	主轴指令线接口，接下一个主轴驱动器	
16	JYA2	主轴电动机反馈线接口	
17	JYA3	外置主轴转速检测和定位接口 1）接 1024 脉冲方波的位置编码器 2）接 NPN、PNP 接近开关	
18	JYA4	接正弦波的位置编码器	
19	U、V、W	主轴动力线接口	
20	CZ2L、CZ2M、CZ2N	伺服电动机动力线接口，分别接 L、M、N 轴	
21	L1、L2、L3	三相 220V 输入接口	
22	L+、L-	DC300V 输出接口	

注：9、10、12 接口参照 αi 伺服驱动器；14~19 接口参照 αi 主轴驱动器。

2. βiSVSP 伺服驱动器的型谱（老款 6134 系列）

名 称	型 号	功 率 板	控 制 板	小 板
βiSVSP20/20-5.5	A06B-6134-H201#A	A20B-2101-0020		
βiSVSP20/20-11	A06B-6134-H202#A	A20B-2101-0021	A20B-2101-0012	A20B-2902-0670
βiSVSP40/40-15	A06B-6134-H203#A	A20B-2101-0022		
βiSVSP20/20/40-5.5	A06B-6134-H301#A	A20B-2101-0023		
βiSVSP20/20/40-11	A06B-6134-H302#A	A20B-2101-0024	A20B-2101-0013	A20B-2902-0672
βiSVSP40/40/40-15	A06B-6134-H303#A	A20B-2101-0025		
βiSVSP20/20-5.5	A06B-6134-H201#C	A20B-2101-0020		
βiSVSP20/20-11	A06B-6134-H202#C	A20B-2101-0021	A20B-2101-0012	—
βiSVSP40/40-15	A06B-6134-H203#C	A20B-2101-0022		

（续）

6134 系列 βiSVSP 系列老款驱动器的型谱				
名　称	型　号	功率板	控　制　板	小　板
βiSVSP20/20/40-5.5	A06B-6134-H301#C	A20B-2101-0023		
βiSVSP20/20/40-11	A06B-6134-H302#C	A20B-2101-0024	A20B-2101-0013	—
βiSVSP40/40/40-15	A06B-6134-H303#C	A20B-2101-0025		
βiSVSP20/20-7.5	A06B-6134-H201#D	A20B-2101-0440		
βiSVSP20/20-11	A06B-6134-H202#D	A20B-2101-0441	A20B-2101-0450	—
βiSVSP40/40-15	A06B-6134-H203#D	A20B-2101-0022		
βiSVSP20/20/40-7.5	A06B-6134-H301#D	A20B-2101-0581		
βiSVSP20/20/40-11	A06B-6134-H302#D	A20B-2101-0582		
βiSVSP40/40/40-15	A06B-6134-H303#D	A20B-2101-0025	A20B-2101-0452	—
βiSVSP40/40/80-15	A06B-6134-H313#D	A20B-2101-0029		

3. βiSVSP 伺服驱动器的型谱（新款 6164 系列）

6164 系列 βiSVSP 系列新款驱动器的型谱				
名　称	型　号	功率板	控　制　板	小　板
βiSVSP20/20-7.5	A06B-6164-H201#H580	A20B-2101-0440		
βiSVSP20/20-11	A06B-6164-H202#H580	A20B-2101-0441	A20B-2101-0710	A20B-2902-0671
βiSVSP40/40-15	A06B-6164-H223#H580	A20B-2101-0022		
βiSVSP40/40-18	A06B-6164-H224#H580	A20B-2102-0300	A20B-2102-0206	A20B-2902-0674
βiSVSP80/80-18	A06B-6164-H244#H580	A20B-2102-0302		
βiSVSP20/20/40-7.5	A06B-6164-H311#H580	A20B-2101-0581		
βiSVSP20/20/40-11	A06B-6164-H312#H580	A20B-2101-0582	A20B-2101-0711	A20B-2902-0671
βiSVSP40/40/40-15	A06B-6164-H333#H580	A20B-2101-0025		
βiSVSP40/40/80-15	A06B-6164-H343#H580	A20B-2101-0029		
βiSVSP40/40/80-18	A06B-6164-H344#H580	A20B-2102-0301	A20B-2102-0207	A20B-2902-0674
βiSVSP80/80/80-18	A06B-6164-H364#H580	A20B-2101-0028		
βiSVSP20/20-7.5	A06B-6165-H201#H560	A20B-2101-0440		
βiSVSP20/20-11	A06B-6165-H202#H560	A20B-2101-0441	A20B-2101-0710	
βiSVSP40/40-15	A06B-6165-H223#H560	A20B-2101-0022		
βiSVSP20/20/40-7.5	A06B-6165-H311#H560	A20B-2101-0581		A20B-2902-0672
βiSVSP20/20/40-11	A06B-6165-H312#H560	A20B-2101-0582	A20B-2101-0711	
βiSVSP40/40/40-15	A06B-6165-H333#H560	A20B-2101-0025		
βiSVSP40/40/80-15	A06B-6165-H343#H560	A20B-2101-0029		

4. βiSVSPc 伺服驱动器的型谱

名　　称	型　　号	功率板	控　制　板	小　板
βiSVSPc 系列驱动器的型谱				
βiSVSPc20/20-7.5L	A06B-6167-H209#H560	A20B-2101-0440	—	
βiSVSPc20/20-11	A06B-6167-H202#H560	A20B-2101-0441		
βiSVSPc20/20/20-7.5	A06B-6167-H301#H560	A20B-2102-0104		—
βiSVSPc20/20/20-7.5L	A06B-6167-H309#H560	A20B-2102-0104	A20B-2101-0711	
βiSVSPc20/20/20-11	A06B-6167-H302#H560	A20B-2102-0105		

4.7 伺服电动机（αi 和 βi）

伺服电动机简介	
说　明	图　示

电动机铭牌说明：
MODEL：电动机名称
SPEC：电动机型号
OUTPUT：电动机输出功率
SPEED：电动机正常运转转速
STALL TRQ：电动机转矩值。一般小于或者等于电动机命名。例如：
αiS8/6000（8N·m，最高转速 6000r/min）
βiS7/3000（7N·m，最高转速 3000r/min）

电动机抱闸：
FANUC 伺服电动机重力轴一般都带有抱闸接口，其他的轴无此接口。例如：斜轨数控车床的 X 轴，立式加工中心的 Z 轴，卧式加工中心的 Y 轴

在 1 和 2 之间接 DC 24V 电压，电动机抱闸松开，此时用手可以盘动电动机
一般情况下，机床急停释放后，1 和 2 之间有 24V 电压，抱闸松开，重力轴靠伺服电动机保持原有位置
3 为空线接线桩，4 为地线接线柱

从型号识别伺服电动机（αiS、αiF）

FANUC 电动机的型号都是 A06B-□□□□-Bxyz#◎◎◎◎的形式

□□□□代表电动机的名称，名称一样的电动机，功率、转速、转矩、转动惯量相同

x =
0：锥轴
1：直轴
2：直轴带键槽
3：锥轴带抱闸
4：直轴带抱闸
5：直轴带键槽、带抱闸

y =
0：标准
1：带风扇
2：高转矩抱闸
3：高转矩抱闸带风扇

z =
0：αiA1000 编码器
1：αiI1000 编码器
2：αiA16000 编码器
3：βiA128 编码器
7：βiA128 不带温度检测编码器

尾号
#0000：标准防护等级
#0100：防护等级是 IP67

αiS（220V）伺服电动机的型谱及电动机 ID 号			
电动机名称	电动机型号	电动机 ID 号	
		HRV1	HRV2
αiS2/5000	A06B-0212-Bxxx	162	262
αiS2/6000	A06B-0218-Bxxx	—	284
αiS4/5000	A06B-0215-Bxxx	165	265
αiS8/4000	A06B-0235-Bxxx	185	285
αiS8/6000	A06B-0232-Bxxx	—	290
αiS12/4000	A06B-0238-Bxxx	188	288
αiS22/4000	A06B-0262-Bxxx	215	315
αiS22/6000	A06B-0265-Bxxx	—	—
αiS30/4000	A06B-0268-Bxxx	218	318
αiS40/4000	A06B-0272-Bxxx	222	322
αiS50/3000，αiS50/3000 带风扇	A06B-0275-Bxxx	224	324
αiS100/2500，αiS100/2500 带风扇	A06B-0285-Bxxx	235	335
αiS200/2500，αiS200/2500 带风扇	A06B-0288-Bxxx	238	338
αiS300/2000	A06B-0292-Bxxx	—	342
αiS500/2000	A06B-0295-Bxxx	245	345

αiF（220V）伺服电动机的型谱及电动机 ID 号			
电动机名称	电动机型号	电动机 ID 号	
		HRV1	HRV2
αiF1/5000	A06B-0202-Bxxx	152	252
αiF2/5000	A06B-0205-Bxxx	155	255
αiF4/4000	A06B-0223-Bxxx	173	273
αiF8/3000	A06B-0227-Bxxx	177	277
αiF12/3000	A06B-0243-Bxxx	193	293
αiF22/3000	A06B-0247-Bxxx	197	297
αiF30/3000	A06B-0253-Bxxx	203	303
αiF40/3000	A06B-0257-Bxxx	207	307
αiF40/3000 带风扇	A06B-0258-BX1X	208	308

βis 伺服电动机的型谱及电动机 ID 号				
电动机名称	电动机型号	电动机 ID		驱动器
		HRV1	HRV2	
βis0.2/5000	A06B-0111-Bx0z		260	SVM1-4i
βis0.3/5000	A06B-0112-Bx0z		261	SVM1-4i
βis0.4/5000	A06B-0114-Bx0z		280	SVM1-20i
βis0.5/5000	A06B-0115-Bx0z	181	281	SVM1-20i
βis1/5000	A06B-0116-Bx0z	182	282	SVM1-20i
βis2/4000	A06B-0061-Bx0z	153	253	SVM1-20i
βis4/4000	A06B-0063-Bx0z	156	256	SVM1-20i
βis8/3000	A06B-0075-Bx0z	158	258	SVM1-20i
βis 12/2000	A06B-0077-Bx0z	169	269	SVM1-20i
βis 12/3000	A06B-0078-Bx0z	172	272	SVM1-40i
βis 22/2000	A06B-0085-Bx0z	174	274	SVM1-40i
βis 22/3000	A06B-0082-Bx0z	213	313	SVM1-80i
βis 30/2000	A06B-0087-Bx0z		472	SVM1-80i
βis 40/2000	A06B-0089-Bx0z		474	SVM1-80i

βisc 伺服电动机的型谱及电动机 ID 号				
电动机名称	电动机型号	电动机 ID		驱 动 器
		HRV1	HRV2	
βisc2/4000	A06B-2061-Bxyz	153	253	SVM1-20i
βisc 4/4000	A06B-2063-Bxyz	156	256	SVM1-20i
βisc8/3000	A06B-2075-Bxyz	158	258	SVM1-20i
βisc 12/2000	A06B-2077-Bxyz	169	269	SVM1-20i
βisc 12/3000	A06B-2078-Bxyz	172	272	SVM1-40i

βi 系列伺服电动机补充说明

1) SVM1-4i 型号：A06B-6130-H001 /A06B-6160-H001
   SVM1-20i 型号：A06B-6130-H002 /A06B-6160-H002
   SVM1-40i 型号：A06B-6130-H003 /A06B-6160-H003
   SVM1-80i 型号：A06B-6130-H004 /A06B-6160-H004
2) βi 电动机的编码器通常是绝对位置编码器。但大多生产厂家把该电动机当成增量式编码器使用（绝对位置编码器可代替增量式编码器），机床开机后需要进行回零点操作。只要加上电池，修改参数 1815，就可以省去机床回零点操作
3) βisc 是 βis 电动机的简化版，省去了温度检测传感器

4.8　伺服电动机编码器选型

伺服电动机编码器解析	
使用说明	图　示

使用绝对位置编码器，机床开机后不需要进行回零点操作
零点位置靠编码器内部的存储器记忆，如右图的6V电池所示

参数 1815#4 和 1815#5 用于设置绝对位置编码器

增量位置编码器，1815#4 和 1815#5 设置成 0

绝对位置编码器可以代替增量位置编码器，但是增量位置编码器不能代替绝对位置编码器

βi 伺服电动机都使用绝对位置编码器

CX5X、CXA2B、CXA2A、JF1 的 6V 电压在伺服驱动器内部相通。通过 JF1 连接到伺服电动机编码器，供给编码器存储器工作电压

当 JF1 插头或者电动机编码器上的插头分离后，零点位置即丢失。机床开机 300 号报警，要重新设定零点参数 1815

绝对位置编码器的零点设定，请扫描右侧二维码观看详细介绍

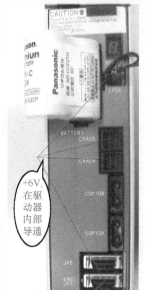

+6V，在驱动器内部导通

反馈线，从伺服的 JF 接到电动机的编码器

伺服驱动器内部 6V 接线

绝对位置编码器

型　号	名称	备　注
A860-2000-T301	α1000iA	绝对位置编码器
A860-2001-T301	α16000iA	绝对位置编码器
A860-2005-T301	α1000iI	增量位置编码器
A860-2020-T301	βiA128	绝对位置编码器
A860-2070-T321	βiA1000	绝对位置编码器

4.9　αi 伺服驱动器的选择

选定伺服电动机之后，就要选择该电动机所配套的驱动器。如果电动机和驱动器之间不匹配，会产生电动机振动、伺服报警或者电动机无力等现象。下表给出了驱动器和电动机之间的匹配关系。如果所用电动机为 αis8/6000，那么可选择 αiSV40 和 αiSV40L，αiSV40/80L 的 M 轴，αiSV80/80 的 L 轴，αiSV80/80L 的 M 轴，αiSV80/160 的 L 轴来驱动。

伺服电动机和驱动器之间的匹配关系（续）

伺服驱动器	转矩/N·m	1	2	2	4	4	8	8	12	22	22	22	30	40	40
	伺服电动机 αiS	—	αiS2/5000	αiS2/6000	αiS4/5000	—	αiS8/4000	αiS8/6000	αiS12/4000	—	αiS22/4000	αiS22/6000	αiS30/4000	αiS40/4000	—
	αiF	αiF1/5000	αiF2/5000	—	—	αiF4/4000	αiF8/3000	—	αiF12/3000	αiF22/3000	—	—	αiF30/3000	αiF40/3000	αiF40带风扇/3000
αiSV20	—	o①	o	o	o										
αiSV20L			o	o	o										
αiSV40	—		o	o	o										
αiSV40L			o	o	o										
αiSV80	—		o	o	o										
αiSV80L			o	o	o										
αiSV160	L轴						o	o	o						
αiSV160L	M轴						o	o	o						
αiSV4/20	M轴					o	o								
αiSV20/20	L轴					o	o								
αiSV20/20L	M轴					o	o								
αiSV20/40	L轴												o	o	
αiSV20/40L	M轴												o	o	o
αiSV40/40	L轴													o	o

型号	轴									
αiSV40/40L	M轴			○	○	○				
αiSV40/80	L轴			○	○	○				
αiSV40/80L	M轴			○	○	○				
αiSV80/80	L轴			○	○	○				
αiSV80/80L	M轴	○	○	○	○				○	
αiSV80/160	L轴	○	○	○	○				○	
αiSV80/160L	M轴	○	○	○	○				○	
αiSV160/160	L轴	○	○	○	○				○	
	M轴	○	○				○	○		
αiSV20/20/20	L轴	○	○				○	○		
	M轴	○	○	○	○	○		○	○	
	N轴	○	○	○	○	○		○	○	
αiSV20/20/40	L轴	○	○	○	○	○		○	○	
	M轴	○	○	○	○	○		○	○	
	N轴	○	○	○	○	○		○	○	
βiSV20	—									
βiSV40	—									
βiSV80	—									
βiSV20/20	L轴									
	M轴									

① 代表匹配。

第 5 章

如何连接系统与外围（图解 PMC 和 I/O 部件）

5.1 外部 I/O（外部神经网络）

FANUC 系统外部 I/O 连接	
说　明	图　示
FANUC 0iD 系统通过 I/O LINK 总线控制这些 I/O 单元，这些 I/O 单元通过 I/O 线串联在一起 　外围的检测和执行元件，如行程开关、电磁阀、继电器、指示灯、钥匙开关、按钮、波段开关、传感器等 　数控系统把指令发给 I/O 模块，I/O 模块再把指令发给外部执行单元，外部执行单元执行动作后，把信号反馈给 I/O 模块，I/O 模块再把信号发给数控系统。形成一个闭环控制系统	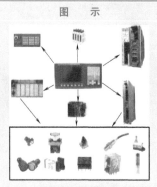 外部 I/O 连接实物

5.2 举例分析梯形图的执行过程

梯形图举例分析	
说　明	图　示
FANUC 0iD 中有四种主要信号：X、Y、G 和 F。X 和 Y（除急停 * ESP X8.4）由机床设计者自由定义；G 和 F 已由 FANUC 公司定义了含义。X 是外围给 PMC，Y 是 PMC 给外围，G 是 PMC 给系统，F 是系统给 PMC（F 信号输出的是一种状态） 　下面以机床起动信号为例 　FANUC 0iD 定义了 G7.2 为循环起动信号（为一个下降沿触发信号）；F0.5 循环起动灯信号。绿色按钮接 I/O 单元的 X1.3 点。三色灯的绿色接 Y0.1 点。当按下绿色按钮时，X1.3 = 24V，PMC 开始执行，G7.2 线圈起作用，循环起动开始执行，机床开始运行，此时，系统输出 F0.5 信号（F0.5 为高电平），触发 Y0.1 线圈，Y0.1 = 24V，机床工作灯亮	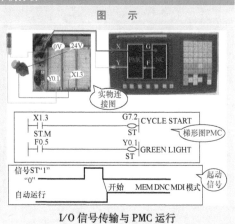 I/O 信号传输与 PMC 运行

5.3　打开机床梯形图

不是所有的机床都有梯形图，如日本牧野机床，它大部分机床逻辑控制用
C 语言编写，所以在系统中无法显示梯形图。还有一些厂家对梯形图进行了加
密，当打开梯形图时，要输入密码。机床梯形图打开步骤如下：

梯形图查看步骤		
序号	操　作	显　示

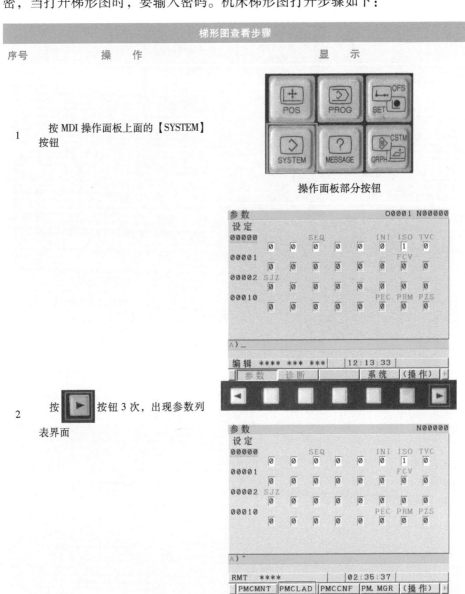

1　按 MDI 操作面板上面的【SYSTEM】按钮

操作面板部分按钮

2　按 ▶ 按钮 3 次，出现参数列表界面

参数列表界面

（续）

序号	操 作	显 示
		梯形图查看步骤

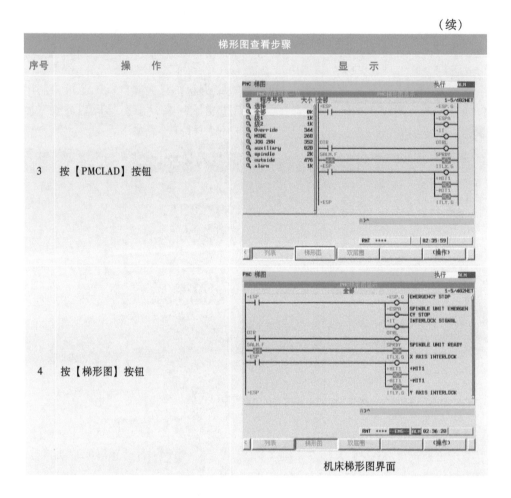

序号	操 作	显 示
3	按【PMCLAD】按钮	
4	按【梯形图】按钮	机床梯形图界面

5.4 梯形图常见符号的说明

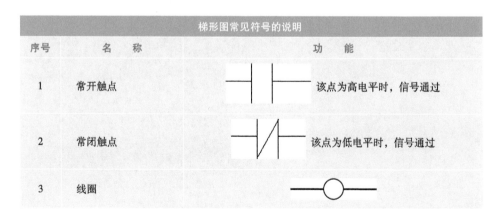

序号	名 称	功 能
		梯形图常见符号的说明
1	常开触点	该点为高电平时，信号通过
2	常闭触点	该点为低电平时，信号通过
3	线圈	

（续）

序号	名 称	功 能

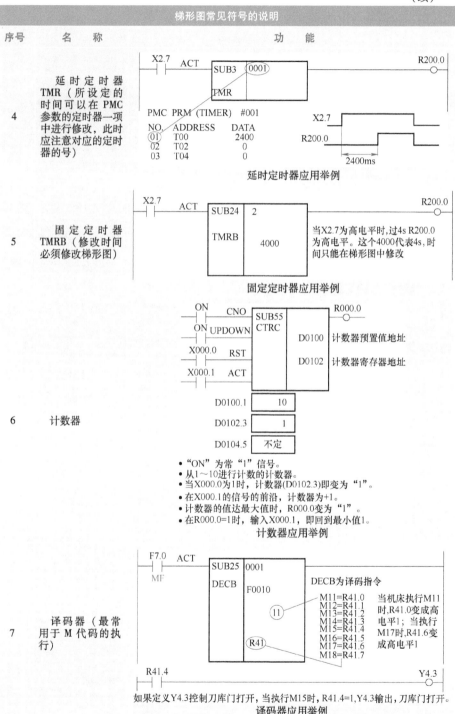

4 延时定时器 TMR（所设定的时间可以在 PMC 参数的定时器一项中进行修改，此时应注意对应的定时器的号）

延时定时器应用举例

5 固定定时器 TMRB（修改时间必须修改梯形图）

当 X2.7 为高电平时，过 4s R200.0 为高电平。这个 4000 代表 4s，时间只能在梯形图中修改

固定定时器应用举例

6 计数器

D0100 计数器预置值地址
D0102 计数器寄存器地址

- "ON"为常"1"信号。
- 从 1～10 进行计数的计数器。
- 当 X000.0 为 1 时，计数器（D0102.3）即变为"1"。
- 在 X000.1 的信号的前沿，计数器为 +1。
- 计数器的值达最大值时，R000.0 变为"1"。
- 在 R000.0=1 时，输入 X000.1，即回到最小值 1。

计数器应用举例

7 译码器（最常用于 M 代码的执行）

DECB 为译码指令

M11=R41.0
M12=R41.1
M13=R41.2
M14=R41.3
M15=R41.4
M16=R41.5
M17=R41.6
M18=R41.7

当机床执行 M11 时，R41.0 变成高电平 1；当执行 M17 时，R41.6 变成高电平 1

如果定义 Y4.3 控制刀库门打开，当执行 M15 时，R41.4=1，Y4.3 输出，刀库门打开。

译码器应用举例

FANUC 0iD 系统 PMC 中有近 100 个功能指令，对于初级维修者，只需看懂这几个，就基本上可以看懂 FANUC 梯形图了。

5.5 梯形图中的字符定义

序号	字符	定 义	备 注
		梯形图中的字符定义	
1	X	外围给 PMC 输入信号	如按钮、钥匙开关、倍率开关、PNP 开关
2	Y	PMC 输出给外围信号	如中间继电器、电磁阀、液压阀
3	G	从 PMC 给系统信号	G 为系统已经定义好的，相当于给系统发出指令
4	F	系统给 PMC 信号	F 为系统已经定义好的，相当于系统发出的反馈
5	R	临时数据寄存器，关机后数据丢失	中间继电器，在 PMC 中可以是位处理，也可以是字节、字处理
6	T	定时器	用于存放计数的数据
7	K	保持继电器，关机后数据有记忆	设定延时的时间
8	D	数据表。关机后，数据有记忆	用于设定某些功能位，其中一部分为 PMC 的功能参数
9	A	报警信息	用于存放计算的数据、刀具的数据或需要保持状态的数据

为了方便维修人员检查梯形图，FANUC 提供了信号诊断功能。例如急停，接 X8.4 这个信号，诊断功能搜索的过程如下：

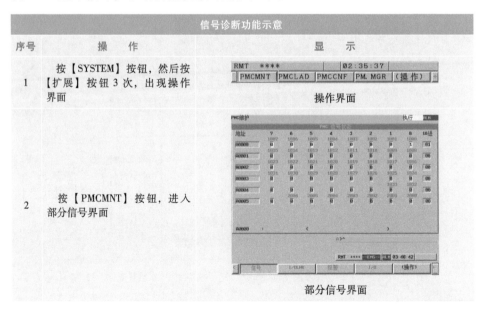

序号	操 作	显 示
		信号诊断功能示意
1	按【SYSTEM】按钮，然后按【扩展】按钮 3 次，出现操作界面	操作界面
2	按【PMCMNT】按钮，进入部分信号界面	部分信号界面

（续）

信号诊断功能示意		
序号	操 作	显 示
3	输入 X8，然后按【搜索】按钮	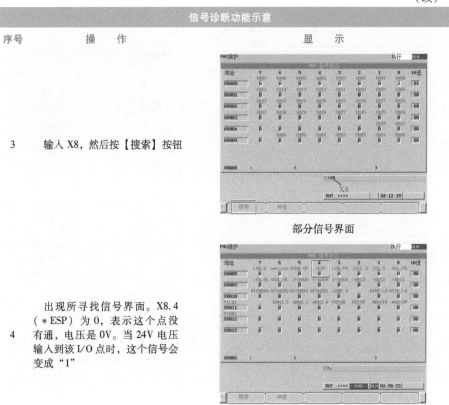
		部分信号界面
4	出现所寻找信号界面。X8.4（∗ESP）为 0，表示这个点没有通，电压是 0V。当 24V 电压输入到该 I/O 点时，这个信号会变成"1"	所寻找信号界面

5.6 查询机床外围故障报警

机床外部报警查询示意	
说 明	图 示

机床的外围报警故障有两种

1）×××是报警信息，中断当前运行程序，跳转到报警界面，界面下方出现 ALM 闪烁

2）×××是操作信息，不会中断当前的运行程序，但在报警信息界面会有提示信息

两者都是通过报警信息代码 A 驱动的。如 A0.0，当 A0.0 为高电平时，机床出现 2000 号报警，报警信息为"EX 2000 AL-0 AIR PRES-SURE ALARM"。这些报警都是机床厂家自行用 FANUC PMC 编辑软件 FLADDER 编辑而成。机床厂家的操作说明书一般都有机床报警说明。如果丢失，可以把梯形图 PMC 从机床下载，然后用 FLADDER 打开，查出该报警的触发信号

FLADDER 软件报警信息界面

73

（续）

机床外部报警查询示意	
说　明	图　示
PMC 从机床下载的方法后面介绍，下载后打开梯形图，然后双击【Message】就出现报警信息界面	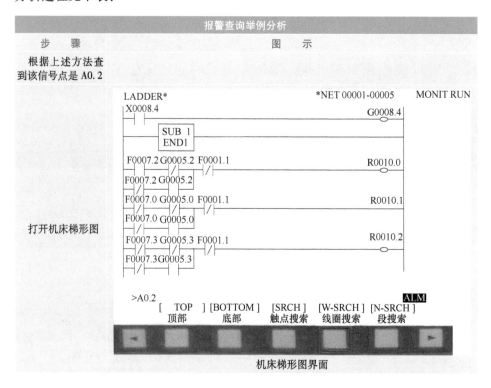 FLADDER 软件梯形图信息界面

实例：有一台加工中心，报警为"2002 AL-2　LUB. PRESSURE ALARM"。分析过程见下表：

报警查询举例分析	
步　骤	图　示
根据上述方法查到该信号点是 A0.2	
打开机床梯形图	

机床梯形图界面

（续）

报警查询举例分析	
步　骤	图　示
搜索 A0.2。键入 A0.2，然后按【W-SRCH】按钮进行搜索	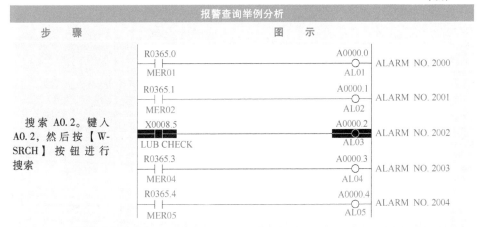

所寻找信号界面

注：1. 由于 X8.5 是高电平，所以导通，A0.2 线圈触发。查找机床电路图，寻找 X8.5 关联电路，测量 X8.5 电压。也可以把 X8.5 这根外部检测信号断开，看机床是否有报警。如果还有报警，可能是 I/O 板坏；如果无，可能是压力检测开关坏。

2. 报警通常很复杂，中间串联很多信号，需要一步步地进行分析和判断。

3. 外围故障如何查询介绍，请扫描二维码观看视频。

5.7　PMC 参数的输入

PMC 参数的输入步骤		
序号	操　作	显　示
1	置于 MDI 方式或急停状态	
2	按 MDI 操作面板上面的【OFS/SET】按钮	 部分操作面板按钮
3	按【设定】按钮	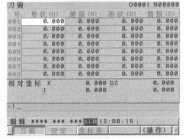 刀偏界面

75

（续）

序号	操 作	显 示
4	把参数设定界面中"写参数"修改成1	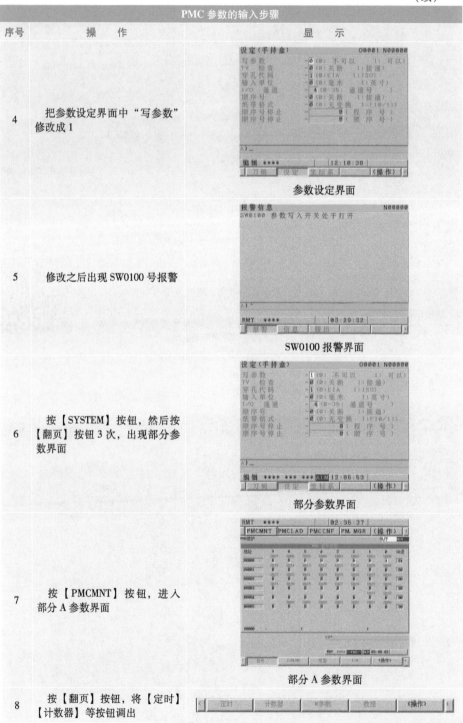

（续）

PMC 参数的输入步骤		
序号	操作	显示

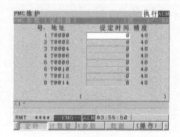

定时器列表

定时器号	精度标记法	最小设定时间/ms	最大设定时间/s
1~8	48	48	1572.8
9~250	8	8	262.1
1~250	1	1	32.7
1~250	10	10	327.7

数据表

9	按【定时】按钮	

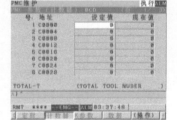

计数器列表

10	按【计数器】按钮	

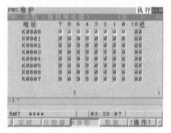

K 参数界面（K 参数为 2 进制数据）

位置	FANUC 0iD PMC	FANUC 0i MATE D PMC	FANUC 0iD DCSPMC
用户区	K0~K99	K0~K19	K0~K19
管理软件区	K900~K999	K900~K999	K900~K999

11	按【K 参数】按钮	

(续)

	PMC 参数的输入步骤	
序号	操 作	显 示
12	按【数据】按钮	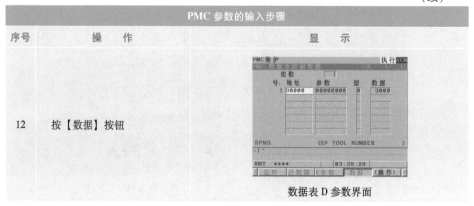 数据表 D 参数界面

系统中需要查找的界面可依照下图所示，依次操作。

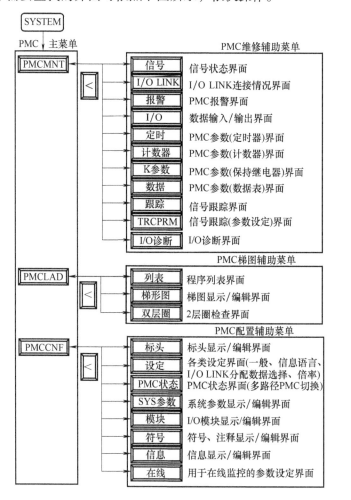

5.8 PMC常用信号说明

PMC常用信号说明（PMC给系统）			
地址	信号名称	符号	备注
X004.0~X004.1	跳过信号	SKIP7~SKIP8	*1
X004.2~X004.6	跳过信号	SKIP2~SKIP6	*1
X004.6	跳过信号（PMC轴控制）	ESKIP	*1
X004.7	跳过信号	SKIP	*1
X008.0			
X008.1	紧急停止信号	*ESP	
X008.4			*2
X009.0~X009.4	参考点返回用减速信号	*DEC1~*DEC5	*1
G000~G001	外部数据输入用数据信号	ED0~ED15	
G002.0~G002.6	外部数据输入用地址信号	EA0~EA6	
G002.7	外部数据输入用读取信号	ESTB	
G004.3	完成信号	FIN	
G004.4	第2M功能完成信号	MFIN2	
G004.5	第3M功能完成信号	MFIN3	
G005.0	辅助功能结束信号	MFIN	
G005.2	主轴功能完成信号	SFIN	
G005.3	刀具功能完成信号	TFIN	
G005.6	辅助功能锁住信号	AFL	
G005.7	第2辅助功能结束信号	BFIN	
G006.0	程序再起动信号	SRN	
G006.2	手动绝对信号	*ABSM	
G006.4	倍率取消信号	OVC	
G006.6	跳过信号	SKIPP	
G007.1	起动锁停信号	STLK	
G007.2	自动运行起动信号	ST	
G007.4	行程极限3释放信号	RLSOT3	
G007.5	位置跟踪信号	*FLWU	
G007.6	存储行程极限1切换信号	EXLM	
G007.7	行程极限释放信号	RLSOT	
G008.0	所有轴互锁信号	*IT	
G008.1	切削程序段开始互锁信号	*CSL	
G008.3	程序段开始互锁信号	*BSL	
G008.4	紧急停止信号	*ESP	
G008.5	自动运行停止信号	*SP	

（续）

地　址	信 号 名 称	符　号	备　注
	PMC 常用信号说明（PMC 给系统）		
G008.6	复位和倒带信号	RRW	
G008.7	外部复位信号	ERS	
G009.0～G009.4	外部工件号检索信号	PN1、PN2、PN4、PN8	
G010、G011	手动进给速度倍率信号	*JV0～*JV15	
G012	进给速度倍率信号	*FV0～*FV7	
G014.0、G014.1	快速移动倍率信号	ROV1、ROV2	
G016.7	F1 位进给选择信号	F1D	
G018.0～G018.3		HS1A～HS1D	
G018.4～G018.7	手控手轮进给轴选择信号	HS2A～HS2D	
G019.0～G019.3		HS3A～HS3D	
G019.4、G019.5	手控手轮进给移动量选择信号（增量进给信号）	MP1、MP2	
G019.7	手动快速移动选择信号	RT	
G023.3	手控手轮进给最大速度切换信号	HNDLF	
G024.0～G025.5	扩展外部工件号检索信号	EPN0～EPN13	
G025.7	外部工件号检索起动信号	EPNS	
G026.0	位置编码器选择信号	PC3SLC	
G026.1		PC4SLC	
G027.0		SWS1	
G027.1	主轴选择信号	SWS2	
G027.2		SWS3	
G027.3		*SSTP1	
G027.4	各主轴停止信号	*SSTP2	
G027.5		*SSTP3	
G027.7	Cs 轮廓控制切换信号	CON	
G028.1、G028.2	齿轮选择信号（输入）	GR1、GR2	
G028.4	主轴松开完成信号	*SUCPFA	
G028.5	主轴夹紧完成信号	*SCPFA	
G028.6	主轴停止完成信号	SPSTPA	
G028.7	第 2 位置编码器选择信号	PC2SLC	
G029.0	齿轮选择信号（输入）	GR21	
G029.1		GR22	
G029.4	速度到达信号	SAR	
G029.5	主轴走向信号	SOR	
G029.6	主轴停止信号	*SSTP	
G030	主轴速度倍率信号	SOV0～SOV7	

（续）

地　址	信号名称	符　号	备　注
G031.6	第 1 主轴驻留信号	PKESS1	
G031.7	第 2 主轴驻留信号	PKESS2	
G032.0~G033.3	主轴电动机速度指令信号	R011~R121	
G033.5	主轴电动机指令极性指令信号	SGN	
G033.6	主轴电动机指令极性选择信号	SSIN	
G033.7	主轴电动机速度指令选择信号	SIND	
G034.0~G035.3	主轴电动机速度指令信号	R0112~R1212	
G035.5	主轴电动机指令极性指令信号	SGN2	
G035.6	主轴电动机指令极性选择信号	SSIN2	
G035.7	主轴电动机速度指令选择信号	SIND2	
G036.0~G037.3	主轴电动机速度指令信号	R0113~R1213	
G037.5	主轴电动机指令极性指令信号	SGN3	
G037.6	主轴电动机指令极性选择信号	SSIN3	
G037.7	主轴电动机速度指令选择信号	SIND3	
G038.0	多边形主轴停止信号	*PLSST	
G038.1	主轴同步转速比控制信号	SBRT	
G038.2	主轴同步控制信号	SPSYC	
G038.3	主轴相位同步控制信号	SPPHS	
G038.6	*B* 轴松开完成信号	*BEUCP	
G038.7	*B* 轴夹紧完成信号	*BECLP	
G039.0~G039.5	刀具补偿号选择信号	OFN0~OFN5	
G040.0~G040.3		OFN6~OFN9	
G039.6	工件零点补偿量测量方式选择信号	WOQSM	
G039.7	刀具补偿量测量方式选择信号	GOQSM	
G040.5	主轴测量选择信号	S2TLS	
G040.6	位置记录信号	PRC	
G040.7	工件坐标系偏移量写入信号	WOSET	
G041.0~G041.3		HS1IA~HS1ID	
G041.4~G041.7	手控手轮中断轴选择信号	HS2IA~HS2ID	
G042.0~G042.3		HS3IA~HS3ID	
G042.7	直接运行选择信号	DMMC	
G043.0~G043.2	方式选择信号	MD1、MD2、MD4	
G043.5	DNC 运行选择信号	DNCI	
G043.7	手动参考点返回选择信号	ZRN	
G044.0	可选程序段跳过信号	BDT1	
G045		BDT2~BDT9	

81

（续）

地　　址	信 号 名 称	符　号	备　注
PMC 常用信号说明（PMC 给系统）			
G044.1	所有轴机床锁住信号	MLK	
G046.0	存储器保护信号	KEYP	
G046.1	单程序段信号	SBK	
G046.3~G046.6	存储器保护信号	KEY1~KEY4	
G046.7	空运行信号	DRN	
G047.0~G047.7	刀具组号选择信号	TL01~TL128	
G048.2	刀具寿命计数无效信号	LFCIV	
G048.5	刀具跳过信号	TLSKP	
G048.6	逐把刀具更换复位信号	TLRSTI	
G048.7	换刀复位信号	TLRST	
G049.0~G050.1	刀具寿命计数倍率信号	*TLV0~*TLV9	
G053.0	通用累计表起动信号	TMRON	
G053.3	用户宏程序用中断信号	UINT	
G053.5	快速移动程序段重叠无效信号	ROVLP	
G053.6	到位检测信号	SMZ	
G053.7	倒棱信号	*CDZ	
G054~G055	用户宏程序用输入信号	UI000~UI015	
G058.1	外部读入开始信号	EXRD	
G058.2	外部读入/输出停止信号	EXSTP	
G058.3	外部输出开始信号	EXWT	
G059.7	同步控制转矩差报警检测无效信号	NSYNCA	
G060.7	尾座屏障选择信号	*TSB	
G061.0	刚性攻螺纹信号	RGTAP	
G061.4~G061.5	刚性攻螺纹主轴选择信号	RGTSP1~RGTSP2	
G062.6	攻螺纹返回起动信号	RTNT	
G063.0	路径选择信号（刀架选择信号）	HEAD	
G063.1	等待忽略信号	NOWT	
G063.2、G063.3	路径间主轴指令选择信号	SLSPA、SLSPB	
G063.5	正交轴倾斜轴控制无效信号	NOZAGC	
G063.6	横向进给控制进给开始信号	INFD	
G063.7	等待忽略信号	NMWT	
G064.2、G064.3	路径间主轴反馈选择信号	SLPCA、SLPCB	
G064.6	主轴简易同步控制	ESRSYC	
G066.0	所有轴 VRDY OFF 报警忽略信号	IGNVRY	
G066.1	外部键盘输入方式选择信号	ENBKY	
G066.4	回返信号	RTRCT	

（续）

地　址	信号名称	符　号	备　注
	PMC 常用信号说明（PMC 给系统）		
G066.7	键控代码读取信号	EKSET	
G067.0	手动刀具补偿补偿指令号	MTLC	
G067.2	检查方式信号	MMOD	
G067.3	手控手轮检查信号	MCHK	
G067.6	硬拷贝中止请求信号	HCABT	
G067.7	硬拷贝执行请求信号	HCREQ	
G068、G069	手动刀具补偿刀具号信号（4 位数）	MTLN00～MTLN15	
G070.0	转矩限制指令 LOW 信号	TLMLA	串行主轴
G070.1	转矩限制指令 HIGH 信号	TLMHA	串行主轴
G070.2、G070.3	咬合/齿轮信号	CTH1A、CTH2A	串行主轴
G070.4	反向旋转指令信号	SRVA	串行主轴
G070.5	正向旋转指令信号	SFRA	串行主轴
G070.6	走向指令信号	ORCMA	串行主轴
G070.7	机械准备就绪信号	MRDYA	串行主轴
G071.0	报警复位信号	ARSTA	串行主轴
G071.1	紧急停止信号	*ESPA	串行主轴
G071.2	主轴选择信号	SPSLA	串行主轴
G071.3	动力线切换完成信号	MCFNA	串行主轴
G071.4	软启动停止取消信号	SOCNA	串行主轴
G071.5	速度积分控制信号	INTGA	串行主轴
G071.6	输出切换请求信号	RSLA	串行主轴
G071.7	动力线状态确认信号	RCHA	串行主轴
G072.0	走向停止位置变更指令信号	INDXA	串行主轴
G072.1	走向停止位置变更时旋转方向指令信号	ROTAA	串行主轴
G072.2	走向停止位置变更时快捷指令信号	NRROA	串行主轴
G072.3	差速方式指令信号	DEFMDA	串行主轴
G072.4	模拟倍率信号	OVRA	串行主轴
G072.5	增量指令外部设走型走向信号	INCMDA	串行主轴
G072.6	主轴切换 MAIN 侧 MCC 接点状态信号	MFNHGA	串行主轴
G072.7	主轴切换 HIGH 侧 MCC 接点状态信号	RCHHGA	串行主轴
G073.0	磁力传感器方式走向指令信号	MORCMA	串行主轴
G073.1	从属运行方式指令信号	SLVA	串行主轴
G073.2	电动机动力遮断指令信号	MPOFA	串行主轴
G074.0	转矩限制指令 LOW 信号	TLMLB	串行主轴
G074.1	转矩限制指令 HIGH 信号	TLMHB	串行主轴
G074.2、G074.3	咬合/齿轮信号	CTH1B、CTH2B	串行主轴

（续）

地　址	信号名称	符　号	备　注
G074.4	反向旋转指令信号	SRVB	串行主轴
G074.5	正向旋转指令信号	SFRB	串行主轴
G074.6	走向指令信号	ORCMB	串行主轴
G074.7	机械准备就绪信号	MRDYB	串行主轴
G075.0	报警复位信号	ARSTB	串行主轴
G075.1	紧急停止信号	*ESPB	串行主轴
G075.2	主轴选择信号	SPSLB	串行主轴
G075.3	动力线切换完成信号	MCFNB	串行主轴
G075.4	软启动停止取消信号	SOCNB	串行主轴
G075.5	速度积分控制信号	INTGB	串行主轴
G075.6	输出切换请求信号	RSLB	串行主轴
G075.7	动力线状态确认信号	RCHB	串行主轴
G076.0	走向停止位置变更指令信号	INDXB	串行主轴
G076.1	走向停止位置变更时旋转方向指令信号	ROTAB	串行主轴
G076.2	走向停止位置变更时快捷指令信号	NRROB	串行主轴
G076.3	差速方式指令信号	DEFMDB	串行主轴
G076.4	模拟倍率信号	OVRB	串行主轴
G076.5	增量指令外部设走型走向信号	INCMDB	串行主轴
G076.6	主轴切换 MAIN 侧 MCC 接点状态信号	MFNHGB	串行主轴
G076.7	主轴切换 HIGH 侧 MCC 接点状态信号	RCHHGB	串行主轴
G077.0	磁力传感器方式走向指令信号	MORCMB	串行主轴
G077.1	从属运行方式指令信号	SLVB	串行主轴
G077.2	电动机动力遮断指令信号	MPOFB	串行主轴
G078.0～G079.3	主轴走向外部停止位置指令信号	SH00A～SH11A	
G080.0～G081.3		SH00B～SH11B	
G082、G083	P 代码宏程序用输入信号	EUI00～EUI15	
G087.0、G087.1	手控手轮进给移动量选择信号	MP21、MP22	
G087.3、G087.4		MP31、MP32	
G096.0～G096.6	1%快速移动倍率信号	*HROV0～*HROV6	
G096.7	1%快速移动倍率选择信号	HROV	
G098	键控代码信号	EKC0～EKC7	
G100.0～G100.4	进给轴方向选择信号	+J1～+J5	
G101.0～G101.4	外部减速信号 2	*+ED21～*+ED25	
G102.0～G102.4	进给轴方向选择信号	-J1～-J5	
G103.0～G103.4	外部减速信号 2	*-ED21～*-ED25	

（续）

地　　址	信 号 名 称	符　　号	备　　注
PMC 常用信号说明（PMC 给系统）			
G104.0~G104.4	轴方向存储行程极限 1 切换信号	+EXL1~+EXL5	
G105.0~G105.4		−EXL1~−EXL5	
G106.0~G106.4	镜像信号	MI1~MI5	
G107.0~G107.4	外部减速信号 3	*+ED31~*+ED35	
G108.0~G108.4	各轴机床锁住信号	MLK1~MLK5	
G109.0~G109.4	外部减速信号 3	*−ED31~*−ED35	
G110.0~G110.4	行程极限外部设走信号	+LM1~+LM5	
G112.0~G112.4		−LM1~−LM5	
G114.0~G114.4	超程信号	*+L1~*+L5	
G116.0~G116.4		*−L1~*−L5	
G118.0~G118.4	外部减速信号 1	*+ED1~*+ED5	
G120.0~G120.4		*−ED1~*−ED5	
G122.0~G122.4	驻留信号	PK1~PK5	
G122.6（G031.6）	第 1 主轴驻留信号	PKESS1	
G122.7（G031.7）	第 2 主轴驻留信号	PKESS2	
G124.0~G124.4	控制轴拆除信号	DTCH1~DTCH5	
G125.0~G125.4	异常负载检测忽略信号	IUDD1~IUDD5	
G126.0~G126.4	伺服关断信号	SVF1~SVF5	
G128.0~G128.4	混合控制选择信号	MIX1~MIX5	
G130.0~G130.4	各轴互锁信号	*IT1~*IT5	
G132.0~G132.4	不同轴向的互锁信号	+MIT1~+MIT5	
G134.0~G134.4		−MIT1~−MIT5	
G132.0、G132.1	刀具补偿量写入信号	+MIT1、+MIT2	
G134.0、G134.1	刀具补偿量写入信号	−MIT1、−MIT2	
G136.0~G136.4	控制轴选择信号	EAX1~EAX5	PMC 控制
G138.0~G138.4	同步控制选择信号	SYNC1~SYNC5	
G140.0~G140.4	进给轴同步手动进给轴选择信号	SYNCJ1~SYNCJ5	
G142.0	辅助功能完成信号 第 1 组用	EFINA	PMC 轴控制
G142.1	累积零检测信号 第 1 组用	ELCKZA	PMC 轴控制
G142.2	缓冲禁止信号 第 1 组用	EMBUFA	PMC 轴控制
G142.3	程序段停止信号 第 1 组用	ESBKA	PMC 轴控制
G142.4	伺服关断信号 第 1 组用	ESOFA	PMC 轴控制
G142.5	轴控制暂时停止信号 第 1 组用	ESTPA	PMC 轴控制
G142.6	复位信号 第 1 组用	ECLRA	PMC 轴控制
G142.7	轴控制指令读取信号 第 1 组用	EBUFA	PMC 轴控制
G143.0~G143.6	轴控制指令信号 第 1 组用	EC0A~EC6A	PMC 轴控制

（续）

地　　址	信 号 名 称	符　号	备　　注
	PMC 常用信号说明（PMC 给系统）		
G143.7	程序段停止禁止信号 第 1 组用	EMSBKA	PMC 轴控制
G144、G145	轴控制进给速度信号 第 1 组用	EIF0A～EIF15A	PMC 轴控制
G146～G149	轴控制数据信号 第 1 组用	EID0A～EID31A	PMC 轴控制
G150.0、G150.1	快速移动倍率信号	EROV1、EROV2	PMC 轴控制
G150.5	倍率取消信号 第 1 组用	EOVC	PMC 轴控制
G150.6	手动快速移动选择信号	ERT	PMC 轴控制
G150.7	空运行信号	EDRN	PMC 轴控制
G151	进给速度倍率信号 第 1 组用	*EFOV0～*EFOV7	PMC 轴控制
G154.0	辅助功能完成信号 第 2 组用	EFINB	PMC 轴控制
G154.1	累积零检测信号 第 2 组用	ELCKZB	PMC 轴控制
G154.2	缓冲禁止信号 第 2 组用	EMBUFB	PMC 轴控制
G154.3	程序段停止信号 第 2 组用	ESBKB	PMC 轴控制
G154.4	伺服关断信号 第 2 组用	ESOFB	PMC 轴控制
G154.5	轴控制暂时停止信号 第 2 组用	ESTPB	PMC 轴控制
G154.6	复位信号 第 2 组用	ECLRB	PMC 轴控制
G154.7	控制轴指令读取信号 第 2 组用	EBUFB	PMC 轴控制
G155.0～G155.6	轴控制指令信号 第 2 组用	EC0B～EC6B	PMC 轴控制
G155.7	程序段停止禁止信号 第 2 组用	EMSBKB	PMC 轴控制
G156、G157	轴控制进给速度信号 第 2 组用	EIF0B～EIF15B	PMC 轴控制
G158～G161	轴控制数据信号 第 2 组用	EID0B～EID31B	PMC 轴控制
G162.5	倍率取消信号 第 2 组用	EOVCB	PMC 轴控制
G163	进给速度倍率信号 第 2 组用	*EFOV0B～*EFOV7B	PMC 轴控制
G166.0	辅助功能完成信号 第 3 组用	EFINC	PMC 轴控制
G166.1	累积零检测信号 第 3 组用	ELCKZC	PMC 轴控制
G166.2	缓冲禁止信号 第 3 组用	EMBUFC	PMC 轴控制
G166.3	程序段停止信号 第 3 组用	ESBKC	PMC 轴控制
G166.4	伺服关断信号 第 3 组用	ESOFC	PMC 轴控制
G166.5	轴控制暂时停止信号 第 3 组用	ESTPC	PMC 轴控制
G166.6	复位信号 第 3 组用	ECLRC	PMC 轴控制
G166.7	控制轴指令读取信号 第 3 组用	EBUFC	PMC 轴控制
G167.0～G167.6	轴控制指令信号 第 3 组用	EC0C～EC6C	PMC 轴控制
G167.7	程序段停止禁止信号 第 3 组用	EMSBKC	PMC 轴控制
G168、G169	轴控制进给速度信号 第 3 组用	EIF0C～EIF15C	PMC 轴控制
G170～G173	轴控制数据信号 第 3 组用	EID0C～EID31C	PMC 轴控制
G174.5	倍率取消信号 第 3 组用	EOVCC	PMC 轴控制
G175	进给速度倍率信号 第 3 组用	*EFOV0C～*EFOV7C	PMC 轴控制

（续）

地　　址	信 号 名 称	符　　号	备　注
	PMC 常用信号说明（PMC 给系统）		
G178.0	程序段停止信号 第 4 组用	EFIND	PMC 轴控制
G178.1	累积零检测信号 第 4 组用	ELCKZD	PMC 轴控制
G178.2	缓冲禁止信号 第 4 组用	EMBUFD	PMC 轴控制
G178.3	程序段停止信号 第 4 组用	ESBKD	PMC 轴控制
G178.4	伺服关断信号 第 4 组用	ESOFD	PMC 轴控制
G178.5	轴控制一时停止信号 第 4 组用	ESTPD	PMC 轴控制
G178.6	复位信号 第 4 组用	ECLRD	PMC 轴控制
G178.7	控制轴指令读取信号 第 4 组用	EBUFD	PMC 轴控制
G179.0~G179.6	轴控制指令信号 第 4 组用	EC0D~EC6D	PMC 轴控制
G179.7	程序段停止禁止信号 第 4 组用	EMSBKD	PMC 轴控制
G180、G181	轴控制进给速度信号 第 4 组用	EIF0D~EIF15D	PMC 轴控制
G182~G185	轴控制数据信号 第 4 组用	EID0D~EID31D	PMC 轴控制
G186.5	倍率取消信号 第 4 组用	EOVCD	PMC 轴控制
G187	进给速度倍率信号 第 4 组用	*EFOV0D~*EFOV7D	PMC 轴控制
G190.0~G190.4	重叠控制轴选择信号	OVLS1~OVLS5	
G192.0~G192.4	各轴 VRDY OFF 报警忽略信号	IGVRY1~IGVRY5	
G196.0~G196.4	参考点返回用减速信号	*DEC1~*DEC5	
G199.0、G199.1	手控手轮进给发生器选择信号	IOLBH1、IOLBH2	
G200.0~G200.4	轴控制重叠指令信号	EASIP1~EASIP5	PMC 轴控制
G202	A/B 相检测器断线报警忽略信号	NDCAL1~NDCAL8	PMC 轴控制
G204.0	转矩限制指令 LOW 信号	TLMLC	串行主轴
G210~G211	外部数据输入用数据信号	ED16~ED31	
G264.0、G264.1	主轴简易同步控制信号	ESSYC1~ESSYC2	各主轴
G265.0、G265.1	主轴简易同步驻留信号	PKESE1~PKESE2	各主轴
G274.0、G274.1	Cs 轮廓控制切换信号	CONS1~CONS2	各主轴
G274.4、G274.5	Cs 轴坐标建立请求信号	CSFI1~CSFI2	各主轴
G288.0、G288.1	主轴同步控制信号	SPSYC1~SPSYC2	各主轴
G289.0、G289.1	主轴相位同步控制信号	SPPHS1~SPPHS2	各主轴
G295.6	双重显示强制切断请求信号	C2SEND	
G295.7	键盘输入选择信号	CNCKY	
G352.0~G353.1	0.1%快速移动倍率信号	*FHRO0~*FHRO9	
G353.7	0.1%快速移动倍率选择信号	FHROV	
G358.0~G358.4	各轴工件坐标系预置信号	WPRST1~WPRST5	
G376	第 2 主轴倍率信号	SOV20~SOV27	
G400.1	主轴松开完成信号	*SUCPFB	
G401.1	主轴夹紧完成信号	*SCPFB	

（续）

地　　址	信号名称	符　　号	备　注
PMC 常用信号说明（PMC 给系统）			
G402.1	主轴停止确认信号	SPSTPB	
G403.0、G403.1	路径间主轴指令选择信号	SLSPC、SLSPD	
G403.4、G403.5	路径间主轴反馈选择信号	SLPCC、SLPCD	
G408.0	开始检测信号	STCHK	
G512、G513	宏调用起动信号	MCST1～MCST16	
G514.0	方式切换完成信号	MCFIN	
G521.0～G521.4	SV 旋转控制方式信号	SRVON1～SRVON5	
G523.0～G523.4	SV 反转信号	SVRVS1～SVRVS5	
G525～G528	手动刀具补偿、刀具号信号（8 位数）	MT8N00～MT8N31	
G531.0	正向移动禁止信号	FWSTP	
G531.1	反向移动禁止信号	MRVM	
G536.7	主轴指令路径指定信号	SPSP	

注：1. 备注列中＊1，信号不用梯形图触发，运行速度比梯形图执行更快。

　　2. 备注列中＊2，急停信号一定要接入 X8.4，通过 G8.4 执行。

地　　址	信号名称	符　　号	备　注
PMC 常用 F 信号说明（系统给 PMC）			
F000.0	倒带中信号	RWD	
F000.4	自动运行休止中信号	SPL	
F000.5	自动运行起动中信号	STL	
F000.6	伺服准备就绪信号	SA	
F000.7	自动运行中信号	OP	
F001.0	报警中信号	AL	
F001.1	复位中信号	RST	
F001.2	电池报警信号	BAL	
F001.3	分配结束信号	DEN	
F001.4	主轴作动信号	ENB	
F001.5	攻螺纹中信号	TAP	
F001.7	准备就绪信号	MA	
F002.0	寸制输入信号	INCH	
F002.1	快速移动中信号	RPDO	
F002.2	周速恒定中信号	CSS	
F002.3	螺纹切削中信号	THRD	
F002.4	程序再启动中信号	SRNMV	
F002.6	切削进给中信号	CUT	
F002.7	空运行确认信号	MDRN	
F003.0	增量进给选择确认信号	MINC	

（续）

地　　址	信号名称	符　　号	备　　注
	PMC 常用 F 信号说明（系统给 PMC）		
F003.1	手控手轮进给选择确认信号	MH	
F003.2	JOG 进给选择确认信号	MJ	
F003.3	手动数据输入选择确认信号	MMDI	
F003.4	DNC 运行选择确认信号	MRMT	
F003.5	自动运行选择确认信号	MMEM	
F003.6	存储器编辑选择确认信号	MEDT	
F004.0	可选程序段跳过确认信号	MBDT1	
F005		MBDT2~MBDT9	
F004.1	所有轴机床锁住确认信号	MMLK	
F004.2	手动绝对确认信号	MABSM	
F004.3	单程序段确认信号	MSBK	
F004.4	辅助功能锁住确认信号	MAFL	
F004.5	手动参考点返回选择确认信号	MREF	
F006.0	触摸板确认信号	TPPRS	
F006.1	基于 MDI 的复位确认信号	MDIRST	
F006.2	自动界面清除状态中信号	ERTVA	
F007.0	辅助功能选通脉冲信号	MF	
F007.2	主轴功能选通脉冲信号	SF	
F007.3	刀具功能选通脉冲信号	TF	
F007.7	第 2 辅助功能选通脉冲信号	BF	
F008.4	第 2M 功能选通脉冲信号	MF2	
F008.5	第 3M 功能选通脉冲信号	MF3	
F009.4	M 解码信号	DM30	
F009.5		DM02	
F009.6		DM01	
F009.7		DM00	
F010~F013	辅助功能代码信号	M00~M31	
F014~F015	第 2M 功能代码信号	M200~M215	
F016~F017	第 3M 功能代码信号	M300~M315	
F022~F025	主轴功能代码信号	S00~S31	
F026~F029	刀具功能代码信号	T00~T31	
F030~F033	第 2 辅助功能代码信号	B00~B31	
F034.0~F034.2	齿轮选择信号（输出）	GR10、GR20、GR30	
F034.3	第 4 串行主轴运行准备就绪信号	SRSP4R	
F034.4	第 3 串行主轴运行准备就绪信号	SRSP3R	
F034.5	第 2 串行主轴运行准备就绪信号	SRSP2R	

（续）

PMC 常用 F 信号说明（系统给 PMC）			
地　址	信 号 名 称	符　号	备　注
F034.6	第 1 串行主轴运行准备就绪信号	SRSP1R	
F034.7	全串行主轴准备就绪信号	SRSRDY	
F035.0	主轴变动检测报警信号	SPAL	
F036.0 ~ F037.3	12 位代码信号	R010 ~ R120	
F038.0	主轴夹紧信号	SCLPA	
F038.1	主轴松开信号	SUCLPA	
F038.2	主轴作动信号	ENB2	
F039.0	主轴走位方式中信号	MSPOSA	
F040、F041	实际主轴速度信号	AR00 ~ AR15	
F043.0 ~ F043.3	相位误差监视信号	SYCAL1 ~ SYCAL4	各主轴
F044.1	Cs 轮廓控制切换完成信号	FSCSL	
F044.2	主轴同步速度控制完成信号	FSPSY	
F044.3	主轴相位同步控制完成信号	FSPPH	
F044.4	相位误差监视信号	SYCAL	
F045.0	报警信号	ALMA	串行主轴
F045.1	速度零信号	SSTA	串行主轴
F045.2	速度检测信号	SDTA	串行主轴
F045.3	速度到达信号	SARA	串行主轴
F045.4	负载检测信号 1	LDT1A	串行主轴
F045.5	负载检测信号 2	LDT2A	串行主轴
F045.6	转矩限制中信号	TLMA	串行主轴
F045.7	走向完成信号	ORARA	串行主轴
F046.0	动力线切换信号	CHPA	串行主轴
F046.1	主轴切换完成信号	CFINA	串行主轴
F046.2	输出切换信号	RCHPA	串行主轴
F046.3	输出切换完成信号	RCFNA	串行主轴
F046.4	从属运行状态信号	SLVSA	串行主轴
F046.5	位置编码器方式走向附近信号	PORA2A	串行主轴
F046.6	磁力传感器方式走向完成信号	MORA1A	串行主轴
F046.7	磁力传感器方式走向附近信号	MORA2A	串行主轴
F047.0	位置编码器一转信号检测状态信号	PC1DEA	串行主轴
F047.1	增量方式走向方式信号	INCSTA	串行主轴
F048.4	Cs 轴零点建立状态信号	CSPENA	
F049.0	报警信号	ALMB	串行主轴
F049.1	速度零信号	SSTB	串行主轴
F049.2	速度检测信号	SDTB	串行主轴

（续）

地　　址	信 号 名 称	符　号	备　注
	PMC 常用 F 信号说明（系统给 PMC）		
F049.3	速度到达信号	SARB	串行主轴
F049.4	负载检测信号 1	LDT1B	串行主轴
F049.5	负载检测信号 2	LDT2B	串行主轴
F049.6	转矩限制中信号	TLMB	串行主轴
F049.7	走向完成信号	ORARB	串行主轴
F050.0	动力线切换信号	CHPB	串行主轴
F050.1	主轴切换完成信号	CFINB	串行主轴
F050.2	输出切换信号	RCHPB	串行主轴
F050.3	输出切换完成信号	RCFNB	串行主轴
F050.4	从属运行状态信号	SLVSB	串行主轴
F050.5	位置编码器方式走向附近信号	PORA2B	串行主轴
F050.6	磁力传感器方式走向完成信号	MORA1B	串行主轴
F050.7	磁力传感器方式走向附近信号	MORA2B	串行主轴
F051.0	位置编码器 1 旋转信号检测状态信号	PC1DEB	串行主轴
F051.1	增量方式走向方式信号	INCSTB	串行主轴
F052.4	Cs 轴零点建立状态信号	CSPENB	
F053.0	键盘输入无效信号	INHKY	
F053.1	程序界面显示中信号	PRGDPL	
F053.2	读入/输出中信号	PRBSY	
F053.3	读入/输出报警信号	PRALM	
F053.7	键控代码读取完成信号	EKENB	
F054、F055	用户宏程序用输出信号	UO000 ~ UO015	
F056 ~ F059		UO100 ~ UO131	
F060.0	外部数据输入用读取完成信号	EREND	
F060.1	外部数据输入用检索完成信号	ESEND	
F060.2	外部数据输入用检索取消信号	ESCAN	
F061.0	*B* 轴松开信号	BUCLP	
F061.1	*B* 轴夹紧信号	BCLP	
F061.4	手动刀具补偿、补偿未完成信号	MTLANG	
F061.5	手动刀具补偿、补偿完成信号	MTLA	
F062.0	AI 轮廓控制方式中信号	AICC	
F062.7	所需零件数到达信号	PRTSF	
F063.0	多边形主控制未到达信号	PSE1	
F063.1	多边形同步轴未到达信号	PSE2	
F063.2	多边形主轴速度到达信号	PSAR	

91

（续）

地　　址	信　号　名　称	符　　号	备　注
	PMC 常用 F 信号说明（系统给 PMC）		
F063.3	路径间主轴指令确认信号	COSP1	
F063.4		COSP2	
F063.6	等待中信号	WATO	
F063.7	多边形同步中信号	PSYN	
F064.0	换刀信号	TLCH	
F064.1	新刀具选择信号	TLNW	
F064.2	逐把刀具更换信号	TLCHI	
F064.3	刀具寿命预告信号	TLCHB	
F064.5	路径间主轴指令确认信号	COSP	
F064.6	路径间干涉检测中信号	TICHK	
F064.7	路径间干涉报警信号	TIALM	
F065.0	主轴旋转方向信号	RGSPP	
F065.1		RGSPM	
F065.2	主轴同步转速比控制夹紧信号	RSMAX	
F065.4	回返完成信号	RTRCTF	
F065.6	EGB 方式中信号	SYNMOD	
F066.1	攻螺纹返回完成信号	RTPT	
F066.3	加工开始点信号	RTNMVS	
F066.5	小口径深孔加工钻削循环执行中信号	PECK2	
F070、F071	位置开关信号	PSW01～PSW16	
F072	软式操作面板通用开关信号	OUT0～OUT7	
F073.0	软式操作面板信号（MD1）	MD1O	
F073.1	软式操作面板信号（MD2）	MD2O	
F073.2	软式操作面板信号（MD4）	MD4O	
F073.4	软式操作面板信号（ZRN）	ZRNO	
F074	软式操作面板通用开关信号	OUT8～OUT15	
F075.2	软式操作面板信号（BDT）	BDTO	
F075.3	软式操作面板信号（SBK）	SBKO	
F075.4	软式操作面板信号（MLK）	MLKO	
F075.5	软式操作面板信号（DRN）	DRNO	
F075.6	软式操作面板信号（KEY1～KEY4）	KEYO	
F075.7	软式操作面板信号（ *SP）	SPO	
F076.0	软式操作面板信号（MP1）	MP1O	
F076.1	软式操作面板信号（MP2）	MP2O	
F076.3	刚性攻螺纹方式中信号	RTAP	
F076.4	软式操作面板信号（ROV1）	ROV1O	

（续）

地　　址	信号名称	符　号	备　注
PMC 常用 F 信号说明（系统给 PMC）			
F076.5	软式操作面板信号（ROV2）	ROV2O	
F077.0	软式操作面板信号（HS1A）	HS1AO	
F077.1	软式操作面板信号（HS1B）	HS1BO	
F077.2	软式操作面板信号（HS1C）	HS1CO	
F077.3	软式操作面板信号（HS1D）	HS1DO	
F077.6	软式操作面板信号（RT）	RTO	
F078	软式操作面板信号（＊FV0～＊FV7）	＊FV00～＊FV70	
F079、F080	软式操作面板信号（＊JV0～＊JV15）	＊JV00～＊JV150	
F081.0	软式操作面板信号（+J1～+J4）	+J10～+J40	
F081.1、F081.3、F081.5	软式操作面板信号（−J1～−J4）	−J10～−J40	
F084、F085	P 代码宏程序用输出信号	EUO00～EUO15	
F090.0	伺服轴异常负载检测信号	ABTQSV	
F090.1	第 1 主轴异常负载检测信号	ABTSP1	
F090.2	第 2 主轴异常负载检测信号	ABTSP2	
F091.0	反向移动中信号	MRVMD	
F091.1	禁止转向中信号	MNCHG	
F091.2	反向移动禁止中信号	MRVSP	
F091.3	检查方式中信号	MMMOD	
F093.2	刀具寿命计数无效中信号	LFCIF	
F093.4	伺服警告详细信号	SVWRN1	
F093.5		SVWRN2	
F093.6		SVWRN3	
F093.7		SVWRN4	
F094.0～F094.4	参考点返回完成信号	ZP1～ZP5	
F096.0～F096.4	第 2 参考点返回完成信号	ZP21～ZP25	
F098.0～F098.4	第 3 参考点返回完成信号	ZP31～ZP35	
F100.0～F100.4	第 4 参考点返回完成信号	ZP41～ZP45	
F102.0～F102.4	轴移动中信号	MV1～MV5	
F104.0～F104.4	到位信号	INP1～INP5	
F106.0～F106.4	轴移动方向信号	MVD1～MVD5	
F108.0～F108.4	镜像确认信号	MMI1～MMI5	
F110.0～F110.4	控制轴拆除中信号	MDTCH1～MDTCH5	
F112.0～F112.4	分配完成信号（PMC 轴控制）	EADEN1～EADEN5	
F114.0～F114.4	转矩极限到达信号	TRQL1～TRQL5	

（续）

地　址	信号名称	符　号	备　注
F118.0~F118.4	同步/混合/重叠控制中信号	SYN10~SYN50	
F120.0~F120.4	参考点建立信号	ZRF1~ZRF5	
F122.0~F122.3	高速跳过状态信号	HDO0~HDO3	
F124.0~F124.4	超程报警中信号	+OT1~+OT5	
F126.0~F126.4		−OT1~−OT5	
F129.5	倍率0%信号	EOV0	PMC轴控制
F129.7	控制轴选择状态信号	*EAXSL	PMC轴控制
F130.0	到位信号	EINPA	
F130.1	累积零检测中信号	ECKZA	PMC轴控制
F130.2	报警中信号	EIALA	PMC轴控制
F130.3	辅助功能执行中信号	EDENA	PMC轴控制
F130.4	轴移动中信号	EGENA	PMC轴控制
F130.5	超程正方向信号	EOTPA	PMC轴控制
F130.6	超程负方向信号	EOTNA	PMC轴控制
F130.7	轴控制指令读取完成信号	EBSYA	
F131.0	辅助功能选通脉冲信号	EMFA	PMC轴控制
F131.1	缓冲器满信号	EABUFA	PMC轴控制
F131.2	辅助功能第2选通脉冲信号	EMF2A	PMC轴控制
F131.3	辅助功能第3选通脉冲信号	EMF3A	PMC轴控制
F132、F142	辅助功能代码信号	EM11A~EM48A	PMC轴控制
F133.0	到位信号	EINPB	PMC轴控制
F133.1	累积零检测中信号	ECKZB	PMC轴控制
F133.2	报警中信号	EIALB	PMC轴控制
F133.3	辅助功能执行中信号	EDENB	PMC轴控制
F133.4	轴移动中信号	EGENB	PMC轴控制
F133.5	超程正方向信号	EOTPB	PMC轴控制
F133.6	超程负方向信号	EOTNB	PMC轴控制
F133.7	轴控制指令读取完成信号	EBSYB	PMC轴控制
F134.0	辅助功能选通脉冲信号	EMFB	PMC轴控制
F134.1	缓冲器满信号	EABUFB	PMC轴控制
F134.2	辅助功能第2选通脉冲信号	EMF2B	PMC轴控制
F134.3	辅助功能第3选通脉冲信号	EMF3B	PMC轴控制
F135、F145	辅助功能代码信号	EM11B~EM48B	PMC轴控制
F136.0	到位信号	EINPC	PMC轴控制
F136.1	累积零检测中信号	ECKZC	PMC轴控制
F136.2	报警中信号	EIALC	PMC轴控制

PMC常用F信号说明（系统给PMC）

（续）

地 址	信号名称	符 号	备 注
PMC 常用 F 信号说明（系统给 PMC）			
F136.3	辅助功能执行中信号	EDENC	PMC 轴控制
F136.4	轴移动中信号	EGENC	PMC 轴控制
F136.5	超程正方向信号	EOTPC	PMC 轴控制
F136.6	超程负方向信号	EOTNC	PMC 轴控制
F136.7	轴控制指令读取完成信号	EBSYC	PMC 轴控制
F137.0	辅助功能选通脉冲信号	EMFC	PMC 轴控制
F137.1	缓冲器满信号	EABUFC	PMC 轴控制
F137.2	辅助功能第 2 选通脉冲信号	EMF2C	PMC 轴控制
F137.3	辅助功能第 3 选通脉冲信号	EMF3C	PMC 轴控制
F138、F148	辅助功能代码信号	EM11C~EM48C	PMC 轴控制
F139.0	到位信号	EINPD	PMC 轴控制
F139.1	累积零检测中信号	ECKZD	PMC 轴控制
F139.2	报警中信号	EIALD	PMC 轴控制
F139.3	辅助功能执行中信号	EDEND	PMC 轴控制
F139.4	轴移动中信号	EGEND	PMC 轴控制
F139.5	超程正方向信号	EOTPD	PMC 轴控制
F139.6	超程负方向信号	EOTND	PMC 轴控制
F139.7	轴控制指令读取完成信号	EBSYD	PMC 轴控制
F140.0	辅助功能选通脉冲信号	EMFD	PMC 轴控制
F140.1	缓冲器满信号	EABUFD	PMC 轴控制
F140.2	辅助功能第 2 选通脉冲信号	EMF2D	PMC 轴控制
F140.3	辅助功能第 3 选通脉冲信号	EMF3D	PMC 轴控制
F141、F151	辅助功能代码信号	EM11D~EM48D	PMC 轴控制
F154.0	刀具剩余数量通知信号	TLAL	
F160、F161	多主轴地址 P 信号	MSP00~ MSP15	
F172.6	绝对位置检测器电池电压零报警信号	PBATZ	
F172.7	绝对位置检测器电池电压低下报警信号	PBATL	
F180.0~F180.4	撞块式参考点设定用转矩限制到达信号	CLRCH1~CLRCH5	
F182.0~F182.4	控制中信号	EACNT1~EACNT5	PMC 轴控制
F184.0~F184.4	异常负载检测信号	ABDT1~ABDT5	
F190	转矩控制方式中信号	TROM1~TROM8	PMC 轴控制
F200.0~F201.3	S12 位代码信号	R0102~R1202	
F202、F203	实际主轴速度信号	AR002~AR152	
F204.0~F205.3	S12 位代码信号	R0103~R1203	
F210.0~F210.4	机械坐标一致状态输出信号	SYNMT1~SYNMT5	
F211.0~F211.4	可进行同步调整的状态输出信号	SYNOF1~SYNOF5	

（续）

地　　址	信 号 名 称	符　　号	备　　注
	PMC 常用 F 信号说明（系统给 PMC）		
F264.0～F265.0	主轴告警详细信号 1～9	SPWRN1～SPWRN9	
F270.0～F271.3	S12 位代码信号	R0104～R1204	
F274.0～F274.1	Cs 轮廓控制切换完成信号	FCSS1～FCSS2	各主轴
F274.4～F274.5	Cs 轴坐标建立报警信号	CSFO1～CSFO2	各主轴
F288.0～F288.1	主轴同步速度控制完成信号	FSPSY1～FSPSY2	各主轴
F289.0～F289.1	主轴相位同步控制完成信号	FSPPH1～FSPPH2	各主轴
F295.6	双重显示强制切断状态信号	C2SENO	
F295.7	键盘输入选择状态信号	CNCKYO	
F341.0～F341.4	同步主控轴确认信号	SYCM1～SYCM5	
F342.0～F342.4	同步从控轴确认信号	SYCS1～SYCS5	
F343.0～F343.4	混合轴确认信号	MIXO1～MIXO5	
F344.0～F344.4	重叠主控轴确认信号	OVMO1～OVMO5	
F345.0～F345.4	重叠从控轴确认信号	OVSO1～OVSO5	
F346.0～F346.4	驻留轴确认信号	SMPK1～SMPK5	
F358.0～F358.4	各轴工件坐标系预置完成信号	WPSF1～WPSF5	
F400.1	主轴松开信号	SUCLPB	
F401.1	主轴夹紧信号	SCLPB	
F402.1	主轴走位方式中信号	MSPOSB	
F403.0	同步控制位置偏差量误差报警信号	SYNER	
F512.0	宏调用执行中信号	MCEXE	
F512.1	方式切换请求信号	MCRQ	
F512.2	宏调用异常信号	MCSP	
F513.0		MD1R	
F513.1		MD2R	
F513.2	方式通知信号	MD4R	
F513.5		DNCIR	
F513.7		ZRNR	
F514、F515	调用程序确认信号	MCEX1～MCEX16	
F520.0	自动数据备份执行中信号	ATBK	
F521.0～F521.4	SV 旋转控制方式信号	SVREV1～SVREV5	
F522.0～F522.4	各轴的主轴分度中信号	SPP1～SPP5	
F531.3	MDI 选择确认信号	MMDISL	
F532.0～F532.4	进给轴同步控制中信号	SYNO1～SYNO5	

第6章

机床报警及处理

为了机床操作者、机床及加工工件的安全，每一台机床设备都尽量编写完善的报警。报警查询简介见下表。

报警查询简介			
序号	报警界面	位　置	图　示
1	系统主板 LED 显示报警	系统主板	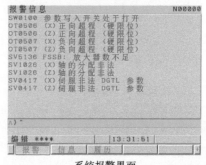 系统主板 LED 报警
2	系统报警		系统报警界面（系统停止）
3	CNC 报警界面	液晶显示器	系统报警界面

（续）

序号	报警界面	位 置	图 示
		报警查询简介	
4	厂家梯形图编写信息		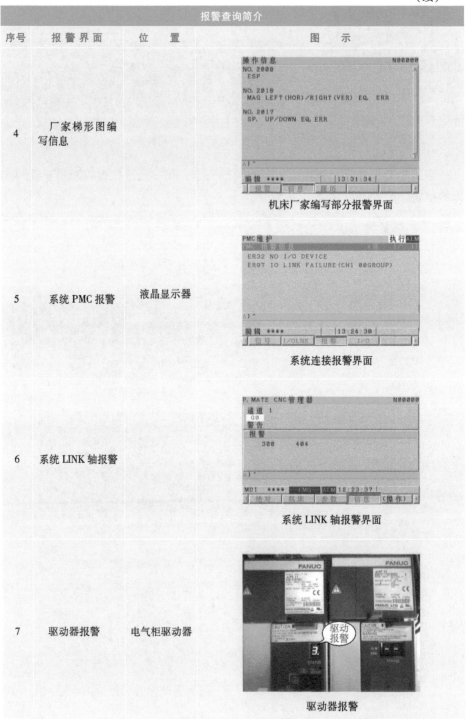
5	系统 PMC 报警	液晶显示器	
6	系统 LINK 轴报警		
7	驱动器报警	电气柜驱动器	

（续）

报警查询简介			
序号	报警界面	位 置	图 示
8	操作面板报警	操作面板	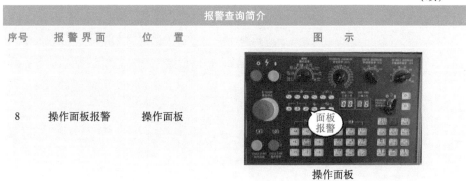

操作面板

6.1 系统主板 LED 显示报警

1. 从电源接通到能够动作状态的 LED 显示的含义

开机时主板 LED 指示灯显示含义解析	
LED 显示	含 义
（空）	尚未通电的状态（全熄灭）
0	初始化结束，可以动作
1	CPU 开始启动（BOOT 系统）
2	各类 G/A 初始化（BOOT 系统）
3	各类功能初始化
4	任务初始化
5	系统配置参数的检查 可选板等待 2
6	各类驱动程序的安装 文件全部清零
7	标头显示 系统 ROM 测试
8	通电后，CPU 尚未启动的状态（BOOT 系统）

（续）

开机时主板 LED 指示灯显示含义解析	
LED 显示	含 义
9	BOOT 系统退出，NC 系统启动（BOOT 系统）
A	FROM 初始化
b	内装软件的加载
C	用于可选板的软件的加载
d	IPL 监控执行中
E	DRAM 测试错误（BOOT 系统、NC 系统）
F	BOOT 系统错误（BOOT 系统）
H	文件清零 可选板等待 1
U	BASIC 系统软件的加载（BOOT 系统）
L	可选板等待 3 可选板等待 4
P	系统操作最后检查
U	显示器初始化（BOOT 系统）
□	FROM 初始化（BOOT 系统）
□	BOOT 监控执行中（BOOT 系统）

2. 由于 CNC 异常，在系统启动中停止处理而不显示系统报警界面的情况下，指示灯含义

异常状况下主板 LED 指示灯含义解析	
LED 显示	**不良部位及确认事项**
（空）	可能是由于电源的故障所致
2	可能是由于主板、显示器的故障所致
8	可能是由于主板的故障所致
9	可能是由于主板的故障所致
E	可能是由于主板（CPU 回路）的故障所致
H	可能是由于 SRAM/FROM 模块、主板的故障所致
P	可能是由于主板、显示器的故障所致
C	可能是由于主板（CPU 回路）的故障所致

3. 7 段 LED 的显示（闪烁状态）含义

工作状况下主板 LED 指示灯含义解析	
LED 显示	**含 义** **不良部位及处理方法**
0	ROM PARITY 错误
	可能是由于 SRAM/FROM 模块的故障所致
	不能创建用于程序存储器的 FROM
2	通过 BOOT 确认 FROM 上的用于程序存储器的文件的状态，执行 FROM 的整理，确认 FROM 的容量
3	软件检测的系统报警
	启动时发生的情形：通过 BOOT 确认 FROM 上的内装软件的状态和 DRAM 的大小其他情形：通过报警界面确认错误并采取对策
4	DRAM/SRAM/FROM 的 ID 非法（BOOT 系统、NC 系统）
	可能是由于主板、SRAM/FROM 模块的故障所致
5	发生伺服 CPU 超时
	通过 BOOT 确认 FROM 中的伺服软件的状态 可能是由于伺服卡的故障所致

（续）

工作状况下主板 LED 指示灯含义解析	
LED 显示	**含义**
	不良部位及处理方法
6	在安装内装软件时发生错误
	通过 BOOT 确认 FROM 上的内装软件的状态
7	显示器没有能够识别
	可能是由于显示器的故障所致
8	硬件检测的系统报警
	通过报警界面确认错误并采取对策
9	没有能够加载可选板的软件
	通过 BOOT 确认 FROM 上的用于可选板的软件的状态
A	在与可选板进行等待的过程中发生了错误
	可能是由于可选板、PMC 模块的故障所致
b	BOOT FROM 被更新（BOOT 系统）
	重新接通电源
d	DRAM 测试错误
	可能是由于主板的故障所致
C	显示器的 ID 非法
	确认显示器
U	BASIC 系统软件和硬件的 ID 不一致
	确认 BASIC 系统软件和硬件的组合

6.2 系统报警（死机黑屏报警）

系统报警（死机黑屏报警）	
说 明	**图 示**
当系统刚刚开机后，系统通过一个个界面，最后进入到正常界面。此时产生开机报警，或者在正常工作时，跳出死机黑屏报警界面	
	死机黑屏报警界面

6.2.1 硬件检测的系统报警

序号	报警内容	解决方案
	硬件检测的系统报警	
1	SYS_ALM401 EXTERNAL BUS INVALID ADDRESS	CNC 总线报警，确认机床有无噪声干扰，更换开关电源或者主板
2	SYS_ALM403 S-BUS TIME OUT ERROR	总线超时报警。最有可能是主板
3	SYS_ALM404 ECC UNCORRECTABLE ERROR	数据 ECC 错误。确认机床周围有无干扰，更换开关电源，或者主板
4	SYS_ALM 500 SRAM DATA ERROR（SRAM MODULE）	SRAM 数据报警，电池没电或者记忆板离开主板后会有该报警，全清机床数据，然后 BOOT 界面恢复数据即可。如果不行，更换记忆板，再次恢复数据
5	SYS_ALM502 NOISE ON POWER SUPPLY POWER SUPPLY	电源噪声错误。外部电源噪声，或者 SRAM 数据混乱引起，数据全清。更换记忆板
6	SYS_ALM502 NOISE ON POWER SUPPLY ABNORMAL POWER SUPPLY	电源异常，更换电源

6.2.2 FSSB 报警

序号	报警内容	解决方案
	FSSB 报警	
1	SYS_ALM114 FSSB DISCONNECTION (MAIN->AMP1)/LINE1 SYS_ALM115 FSSB DISCONNECTION (MAIN->PULSE MODULE1)/LINE1 SYS_ALM116 FSSB DISCONNECTION (AMPn->AMPm)/LINE1 SYS_ALM117 FSSB DISCONNECTION (AMPn->PULSE MODULEm)/LINE1 SYS_ALM118 FSSB DISCONNECTION (PULSE MODULEn->AMPm)/LINE1 SYS_ALM119 FSSB DISCONNECTION (PULSE MODULE1->PULSE MODULE2)/LINE1 SYS_ALM120 FSSB DISCONNECTION (MAIN<-AMP1)/LINE1 SYS_ALM121 FSSB DISCONNECTION (MAIN<-PULSE MODULE1)/LINE1 SYS_ALM122 FSSB DISCONNECTION (AMPn<-AMPm)/LINE1 SYS_ALM123 FSSB DISCONNECTION (AMPn<-PULSE MODULEm)/LINE1 SYS_ALM124 FSSB DISCONNECTION (PULSE MODULEn<-AMPm)/LINE1 SYS_ALM125 FSSB DISCONNECTION (PULSE MODULE1<-PULSE MODULE2)/LINE1	114：轴卡与第 1 伺服驱动器之间不能进行通信 115：轴卡与第 1 外置检测器接口单元之间不能进行通信 116：第 n 伺服驱动器与第 m 伺服驱动器之间不能进行通信 117：第 n 伺服驱动器与第 m 外置检测器接口单元之间不能进行通信 118：第 n 外置检测器接口单元与第 m 伺服驱动器之间不能进行通信 119：第 1 外置检测器接口单元与第 2 外置检测接口单元之间不能进行通信 120：轴卡与第 1 伺服驱动器之间不能进行通信 121：轴卡与第 1 外置检测器接口单元之间不能进行通信 122：第 n 伺服驱动器与第 m 伺服驱动器之间不能进行通信 123：第 n 伺服驱动器与第 m 外置检测器接口单元之间不能进行通信 124：第 n 外置检测器接口单元与第 m 伺服驱动器之间不能进行通信 125：第 1 外置检测器接口单元与第 2 外置检测接口单元之间不能进行通信 更换相应的连接光缆。及时采取上述措施后仍然发生报警时，更换轴卡、相应的伺服驱动器、相应的外置检测器接口单元。箭头朝左时，可能是由于箭头的根部一侧所显示的伺服驱动器或者外置检测器接口单元的电源异常。确认是否存在输入到该单元的+24V 电源，或从相应的单元输出的用于脉冲编码器的+5V 电源的接地故障等

103

（续）

序号	FSSB 报警	
	报警内容	解决方案
2	SYS _ ALM126 FSSB INTERNAL DIS-CONNECTION（AMPn)->/LINE1 SYS _ ALM127 FSSB INTERNAL DIS-CONNECTION（AMPn)<-LINE1	126：不能在第 n 伺服驱动器内进行通信 127：不能在第 n 伺服驱动器内进行通信 更换相应的伺服驱动器
3	SYS _ ALM129 ABNORMAL POWER SUPPLY（SERVO：AMPn)/LINE1 SYS _ ALM130 ABNORMAL POWER SUPPLY（SERVO：PULSE MODULEn)/LINE1	129：检测出第 n 伺服驱动器的电源异常 130：在第 n 外置检测器接口单元的电源中检测出了异常 确认相应的伺服驱动器或者外置检测器接口单元的电源
4	SYS_ALM134 FSSB LINE DATE ERROR（AMPn)>->MAIN/LINE1 SYS_ALM135 FSSB LINE DATE ERROR（PULSE MODULEn)>->MAIN/LINE1	134：FSSB 线上发生了数据错误，第 n 伺服驱动器接收到异常数据 135：FSSB 线上发生了数据错误，第 n 外置检测器接口单元接收到异常数据 更换相应的伺服驱动器或者外置检测器接口单元。更换以后仍然没有修复时，同时更换相应从控装置之前的一个从控装置。当采取上述措施后仍然发生报警时，更换伺服卡
5	SYS_ALM136 FSSB SEND SLAVE DATA FAILED（AMPn->MAIN) SYS_ALM137 FSSB SEND CNC DATA FAILED（AMPn<-MAIN)	136：由于 FSSB 通信错误，伺服软件未能接收正确数据 137：因为 FSSB 通信错误，从控装置侧未能接收正确数据 更换相应的伺服驱动器或者外置检测器接口单元。更换以后仍然没有修复时，同时更换相应从控装置之间的一个从控装置。若仍然发生报警，则更换伺服卡

6.2.3 与 PMC、I/O LINK 相关报警（SYS_ALM197）

系统报警可能导致死机黑屏，下图所示为 197 号报警。

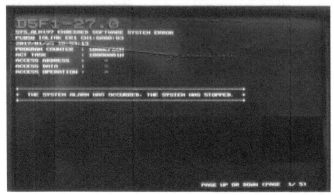

与 PMC、I/O LINK 相关的报警		
报 警 号	内 容	故障位置和处理办法
PC004 CPU ERR xxxxxxxx：yyyyyyyy PC006 CPU ERR xxxxxxxx：yyyyyyyy PC009 CPU ERR xxxxxxxx：yyyyyyyy PC010 CPU ERR xxxxxxxx：yyyyyyyy PC012 CPU ERR xxxxxxxx：yyyyyyyy	PMC 发生 CPU 错误 xxxxxxxx、yyyyyyyy 为内部错误代码	可能是由于软件或硬件故障，请将显示出错误发生时的情况（包括显示信息、系统配置、操作、发生的时机、发生频次等）的内部错误代码告知厂家 更换 PMC 模块或者 CPU 卡（PMC/L 时）
PC030RAMPARI xxxxxxxx：yyyyyyyy	PMC 发生 RAM 奇偶检验错误 xxxxxxxx、yyyyyyyy 为内部错误代码	可能是由于硬件故障，请将显示出错误发生时的情况（包括显示信息、系统配置、操作、发生的时机、发生频次等）的内部错误代码告知厂家 更换 PMC 模块或者 CPU 卡（PMC/L 时）
PC050 I/OLINK ER1 CHz：GRyy：xx	I/O LINK 发生通信错误 在与通信号 z、组号 yy 中从控设备之间的通信被中断时会发生此报警 z 为通信号（1~4） yy 表示有发生问题可能性的从控设备的组号（0~15） xx 为内部错误代码可能导致通信中断的原因有 1）从控设备的瞬断、电压变动 2）通信电缆不良、连接不良 3）从控设备的故障 本报警中的组号 yy，有的情况下不会正确显示组号，不能根据此断定问题所在，应予注意	1）确认是否由于连接于通道号 z（1~4）的 I/O LINK 线上的组号 yy（0~15）的从控设备电源瞬断，或者电压发生了变动 2）从连接于通道号 z（1~4）的 I/O LINK 线上的组号 yy-1（0~15）的 JD1A，确认是否由于连接组号 yy（0~15）的 JD1B 的电缆不良或者连接不良 3）更换连接于通道号 z（1~4）的 I/O LINK 线上的组号 yy（0~15）的从控设备 4）通过上述确认仍然不能解决问题时，可能是由于其他方面的原因，请将显示出错误发生时的情况（包括显示信息、系统配置、操作、发生的时机、发生频次等）的内部错误代码告知厂家
PC051 I/OLINK ER2 CHz：yy：xx：ww：vv	I/O LINK 发生通信错误 I/O LINK 通道 z 中发生通信错误 z 为通道号（1~4） yy、xx、ww、vv 为内部错误代码 本报警会与 I/O LINK 相关的各种原因而发生。需要根据此显示和其他情况，检查通信错误的原因。因此，请将显示出错误发生时的情况（包括显示信息、系统配置、操作、发生的时机、发生频次等）的内部错误代码告知厂家	1）使用 I/O Unit-MODEL A 时，虽然分配了基板扩展，但没有连接基板。确认 I/O LINK 的分配和实际连接的设备是否一致 2）I/O LINK 从控设备上连接有 Power Mate、Servo Motor β 系列 I/O LINK 选项时，确认这些设备是否在开始时发生系统报警 3）确认是否存在混入通信线中的噪声的可能性。确认 I/O LINK 从控设备的接地状态、连接电缆的屏蔽状态 4）确认 I/O 设备的 DO 输出是否存在接地故障

（续）

与 PMC、I/O LINK 相关的报警		
报 警 号	内 容	故障位置和处理办法
PC051 I/OLINK ER2 CHz：yy：xx：ww：vv		5) 确认供应到 I/O LINK 主控设备或从控设备的电源是否出现瞬断或电压变动 6) 确认是否存在电缆的连接不良 7) 确认是否存在电缆类的不良 8) 确认 I/O 设备的接地端子/通信电缆的屏蔽是否正确接地 9) 更换 I/O LINK 从控设备 10) 更换 PMC 模块
PC060 BUS ERR xxxxxxxx：yyyyyyyy	PMC 发生总线错误	可能是由于软件或硬件故障，请将显示出错误发生时的情况（包括显示信息、系统配置、操作、发生的时机、发生频次等）的内部错误代码告知厂家 更换 PMC 模块或者 CPU 卡（PMC/L 时）
PC070 LADDER SPE（PMCn）	在第 n 路径 PMC 的功能命令 SPE 中发生堆栈错误	确认 CALL/CALLU 指令的对应情况 更换 PMC 模块或者 CPU 卡（PMC/L 时）
PC097 LADD PARITY ERR（PMCn） PC098 CODE PARITY ERR	RAM 检查发生了错误	可能是由于软件或硬件故障，请将显示出错误发生时的情况（包括显示信息、系统配置、操作、发生的时机、发生频次等）的内部错误代码告知厂家 更换 PMC 模块或者 CPU 卡（PMC/L 时）
PC501 NC/PMC INTER-FACE ERR PATHn	CNC 与 PMC 之间的信号读/写失败	可能是由于软件或硬件故障，请将显示出错误发生时的情况（包括显示信息、系统配置、操作、发生的时机、发生频次等）的内部错误代码告知厂家 更换 PMC 模块或者 CPU 卡（PMC/L 时）
PC502 LADDER SUBaaa（PMCn）	在第 n 路径 PMC 中使用了尚未对应的功能指令 SUBaaa	修改顺序程序，以免使用功能指令 SUBaaa 更换 PMC 模块或者 CPU 卡（PMC/L 时）

6.3　CNC 界面报警（最常见报警界面）

机床开机后，在 MDI 键盘上，按【ALARM】按钮，下图所示界面里出现的是系统报警界面 ALARM 和 MESSAGE。

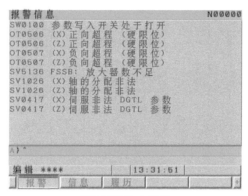

系统报警信息界面

常见报警分为以下类别：

1）与程序操作相关的报警（PS 报警），0001～0456。

2）与后台编辑相关的报警（BG 报警），1001～1973。

3）与通信相关的报警（SR 报警），2032～2054、5006～5448。

4）参数写入状态下的报警（SW 报警）。

5）伺服报警（SV 报警）。

6）与超程相关的报警（OT 报警）。

7）与存储器文件相关的报警（I/O 报警）。

8）请求切断电源的报警（PW 报警）。

9）与主轴相关的报警（SP 报警）。

10）过热报警（OH 报警）。

11）其他报警（DS 报警）。

12）与误动作防止功能相关的报警（IE 报警）。

6.3.1 伺服报警（SV 报警）

伺服报警（SV 报警）		
报警号	报警信息	原因分析
SV0002	同步误差过大报警 2	在进给轴同步控制中，同步误差值超出了参数（No.8332）的设定值。通电后，在同步调整尚未结束时，以在参数（No.8332）的值上乘以参数（No.8330）的乘数的值进行判断。此报警只发生在从属轴
SV0003	同步/混合/重叠控制方式不能连续	在同步/混合/重叠控制方式中的轴发生某种伺服方式中的任一轴发出某种伺服报警时，将与该轴相关的所有轴全部置于伺服关断的状态。发出本报警，以便确认该伺服关断状态的原因
SV0004	G31 误差过大	转矩限制跳转指令动作中的位置偏差量超出了参数（No.6287）的极限值设定

（续）

报警号	报警信息	原因分析
	伺服报警（SV 报警）	
SV0005	同步误差过大（机械坐标）	在进给轴同步控制的同步运行中，主动轴和从属轴的机械坐标差超出了参数（No. 8314）的设定值。此报警发生在主动轴或从属轴
SV0006	双电动机驱动轴不正确	在串联控制的从属轴中进行绝对位置检测的设定（参数 APC（No. 1815#5）= 1）
SV0007	其他系统中伺服警告（多轴驱动器）	T2 路径系统中，在横跨路径之间使用了多轴驱动器，在属于别的路径的轴中发生了伺服报警。在 T2 路径系统且以一个多轴驱动器控制路径间的多个伺服轴时，在属于相同驱动器内的不同路径的轴中发生伺服报警时，由于驱动器的 MCC 下落而在属于相同驱动器内的本路径的轴中发生 SV0401 "伺服 V- 就绪信号关闭"。此 SV0401 是由于在其他路径的轴中发生了伺服报警而引起的，为了明确这一事实而同时发生 SV0007。解决与发生了本报警的轴属于相同驱动器内的不同路径的轴发生伺服报警的原因
SV0301	APC 报警：通信错误	由于绝对位置检测器的通信错误，机械位置未能正确求得。（数据传输异常）绝对位置检测器、电缆或伺服接口模块可能存在缺陷
SV0302	APC 报警：超时错误	由于绝对位置检测器的超时错误，机械位置未能正确求得。（数据传输异常）绝对位置检测器、电缆或伺服接口模块可能存在缺陷
SV0303	APC 报警：数据格式错误	由于绝对位置检测器的帧错误，机械位置未能正确求得。（数据传输异常）绝对位置检测器、电缆或伺服接口模块可能存在缺陷
SV0304	APC 报警：奇偶性错误	由于绝对位置检测器的奇偶校验错误，机械位置未能正确求得。（数据传输异常）绝对位置检测器、电缆或伺服接口模块可能存在缺陷
SV0305	APC 报警：脉冲错误	由于绝对位置检测器的脉冲错误，机械位置未能正确求得。绝对位置检测器、电缆可能存在缺陷
SV0306	APC 报警：溢出报警	位置偏差量上溢，机械位置未能正确求得。请确认参数（No. 2084、No. 2085）
SV0307	APC 报警：轴移动超差	由于在通电时机床移动幅度较大，机械位置未能正确求得
SV0360	脉冲编码器代码检查和错误（内装）	在内装脉冲编码器中产生检查和错误的报警
SV0361	脉冲编码器相位异常（内装）	在内装脉冲编码器中产生相位数据异常报警
SV0362	转速计数异常（INT）	在内装脉冲编码器中产生转速计数异常报警
SV0363	时钟异常（内装）	在内装脉冲编码器中产生时钟报警
SV0364	软相位报警（内装）	数字伺服软件在内装脉冲编码器中检测出异常
SV0365	LED 异常（内装）	内装脉冲编码器的 LED 异常

（续）

伺服报警（SV 报警）		
报警号	报 警 信 息	原 因 分 析
SV0366	脉冲丢失（内装）	在内装脉冲编码器中产生脉冲丢失
SV0367	计数值丢失（内装）	在内装脉冲编码器中产生计数值丢失
SV0368	串行数据错误（内装）	不能接收内装脉冲编码器的通信数据
SV0369	数据传送错误（内藏）	在接收内装脉冲编码器的通信数据时，产生 CRC 错误或停位错误
SV0380	LED 异常（外置）	外置检测器的错误
SV0381	编码器相位异常（外置）	在外置直线尺上位置发生位置数据的异常报警
SV0382	计数值丢失（外置）	在外置检测器中发生计数值丢失
SV0383	脉冲丢失（外置）	在外置检测器中发生脉冲丢失
SV0384	软相位报警（外置）	数字伺服软件检测出外置检测器的数据异常
SV0385	串行数据错误（外置）	不能接收来自外置检测器的通信数据
SV0386	数据传送错误（外置）	在接收外置检测器的通信数据时，发生 CRC 错误或停位错误
SV0387	编码器异常（外置）	外置检测器发生某种异常。详情请与光栅尺的制造商联系
SV0401	伺服 V-就绪信号关闭	位置控制的就绪信号（PRDY）处在接通状态而速度控制的就绪信号（VRDY）被断开
SV0403	硬件/软件不匹配	轴卡和伺服软件的组合不正确，可能原因是：1）没有提供正确的轴卡；2）闪存中没有安装正确的伺服软件
SV0404	伺服 V-就绪信号通	位置控制的就绪信号（PRDY）处在断开状态而速度控制的就绪信号（VRDY）被接通
SV0407	误差过大	同步轴的位置偏差量超出了设定值（仅限同步控制中）
SV0409	检测的转矩异常	在伺服电动机或者 Cs 轴、主轴定位（T 系列）轴中检测出异常负载。不能通过重新设定来解除报警
SV0410	停止时误差太大	停止时的位置偏差量超过了参数（No. 1829）中设定的值
SV0411	运动时误差太大	移动中的位置偏差量比参数（No. 1828）设定值大得多
SV0413	轴 LSI 溢出	位置偏差量的计数器溢出
SV0415	移动量过大	指定了超过移动速度限制的速度
SV0417	伺服非法 DGTL 参数	数字伺服参数的设定值不正确。[诊断信息 No. 203#4 = 1 的情形]通过伺服软件检测出参数非法。利用诊断信息 No. 352，来确定要因。[诊断信息 No. 203#4 = 0 的情形]通过 CNC 软件检测出了参数非法。可能原因是：（见诊断信息 No. 280）1）参数（No. 2020）的电动机型号中设定了指定范围外的数值；2）参数（No. 2022）的电动机旋转方向中尚未设定正确的数值（111 或 -111）；3）参数（No. 2023）的电动机每转的速度反馈脉冲数设定了 0 以下的错误数值；4）参数（No. 2024）的电动机每转的位置反馈脉冲数设定了 0 以下的错误数值

（续）

伺服报警（SV 报警）		
报警号	报警信息	原因分析
SV0420	同步转矩差太大	在进给轴同步控制的同步运行中，主轴和从轴的转矩差超出了参数（No. 2031）的设定值。此报警只发生在主动轴
SV0421	超差（半闭环）	半（SEMI）端和全（FULL）端的反馈差超出了参数（No. 2118）的设定值
SV0422	转矩控制超速	超出了转矩控制中指定的允许速度
SV0423	转矩控制误差太大	在转矩控制中，超出了作为参数设定的允许移动积累值
SV0430	伺服电动机过热	伺服电动机过热
SV0431	变频器回路过载	共同电源：过热。伺服驱动器：过热
SV0432	变频器控制电压低	共同电源：控制电源的电压下降。伺服驱动器：控制电源的电压下降
SV0433	变频器 DC LINK 电压低	共同电源：DC LINK 电压下降。伺服驱动器：DC LINK 电压下降
SV0434	逆变器控制电压低	伺服驱动器：控制电源的电压下降
SV0435	逆变器 DC LINK 低电压	伺服驱动器：DC LINK 电压下降
SV0436	软过热继电器（OVC）	数字伺服软件检测到软发热保护（OVC）
SV0437	变频器输入回路过电流	共同电源：过电流流入输入电路
SV0438	逆变器电流异常	伺服驱动器：电动机电流过大
SV0439	变频器 DC LINK 过压低	共同电源：DC LINK 电压过高。伺服驱动器：DC LINK 电压过高
SV0440	变频器减速功率太大	共同电源：再生放电量过大。伺服驱动器：再生放电量过大，或是再生放电电路异常
SV0441	异常电流偏移	数字伺服软件在电动机电流的检测电路中检测到异常
SV0442	变频器中 DC LINK 充电异常	共同电源：DC LINK 的备用放电电路异常
SV0443	变频器冷却风扇故障	共同电源：内部搅动用风扇的故障。伺服驱动器：内部搅动用风扇的故障
SV0444	逆变器冷却风扇故障	伺服驱动器：内部搅动用风扇的故障
SV0445	软断线报警	数字伺服软件检测到脉冲编码器断线
SV0446	硬断线报警	通过硬件检测到内装脉冲编码器断线
SV0447	硬断线（外置）	通过硬件检测到外置检测器断线
SV0448	反馈不一致报警	从内装脉冲编码器反馈的数据符号与外置检测器反馈的数据符号相反
SV0449	逆变器 IPM 报警	伺服驱动器：IPM（智能功率模块）检测到报警

（续）

伺服报警（SV 报警）		
报警号	报警信息	原因分析
SV0453	串行编码器软件断线报警	α 脉冲编码器的软件断线报警。请在切断 CNC 的电源状态下，暂时拔出脉冲编码器的电缆。若再次发生报警，则请更换脉冲编码器
SV0454	非法的转子位置检测	磁极检测功能异常结束。电动机不动，未能进行磁极位置检测
SV0456	非法的电流回路	所设定的电流控制周期不可设定。所使用的驱动器脉冲模块不适合于高速 HRV。或者系统没有满足进行高速 HRV 控制的制约条件
SV0458	电流回路错误	电流控制周期的设定和实际的电流控制周期不同
SV0459	高速 HRV 设定错误	伺服轴号（参数 1023）相邻的奇数和偶数的 2 个轴中，一个轴能够进行高速 HRV 控制，另一个轴不能进行高速 HRV 控制
SV0460	FSSB 断线	FSSB 通信突然脱开，可能是因为下面的原因：1）FSSB 通信电缆脱开或断线；2）驱动器的电源突然切断；3）驱动器发出低压报警
SV0462	CNC 数据传送错误	因为 FSSB 通信错误，从动端接收不到正确数据
SV0463	送从属器数据失败	因为 FSSB 通信错误，伺服软件接收不到正确数据
SV0465	读 ID 数据失败	接通电源时，未能读出驱动器的初始 ID 信息
SV0466	电动机/驱动器组合不对	驱动器的最大电流值和电动机的最大电流值不同，可能是因为下面的原因：1）轴和驱动器连接的指定不正确；2）参数（No.2165）的设定值不正确
SV0468	高速 HRV 设定错误（AMP）	针对不能使用高速 HRV 的驱动器控制轴，进行使用高速 HRV 的设定
SV0600	逆变器 DC LINK 过电流	DC LINK 电流过大
SV0601	逆变器散热风扇故障	外部散热器冷却用风扇故障
SV0602	逆变器过热	伺服驱动器过热
SV0603	逆变器 IPM 报警（过热）	IPM（智能功率模块）检测到过热报警
SV0604	驱动器通信错误	伺服驱动器和共同电源之间的通信异常
SV0605	变频器再生放电功率太大	共同电源：电动机再生功率过大
SV0606	变频器散热扇停转	共同电源：外部散热器冷却用风扇故障
SV0607	变频器主电源断相	共同电源：输入电源断相
SV0646	模拟信号异常（外置）	外置检测器的模拟 1Vp-p 输出异常。可能是由于外置检测器、电缆或外置检测器接口单元的故障所致
SV1025	V-READY 通信异常（初始化）	接通伺服控制时，速度控制的就绪信号（VRDY）应该处在断开状态却已被接通

(续)

伺服报警（SV 报警）		
报警号	报警信息	原因分析
SV1026	轴的分配非法	伺服的轴配列的参数没有正确设定。参数（No.1023）"每个轴的伺服轴号"中设定了负值、重复值，或者比控制轴数更大的值
SV1055	双电动机驱动轴不正确	串联控制中，参数（No.1023）的设定不正确
SV1056	双电动机驱动轴对设定不正确	串联控制中，参数 TDM（No.1817#6）的设定不正确
SV1067	FSSB：配置错误（软件）	发生了 FSSB 配置错误（软件检测）。所连接的驱动器类型与 FSSB 设定值存在差异
SV1100	平直度补偿值溢出	平直度补偿值超出了最大值 32767
SV5134	FSSB：开机超时	初始化时并没有使 FSSB 处于开的待用状态。这可能是轴卡不良
SV5136	FSSB：驱动器数不足	与控制轴的数目比较时，FSSB 识别的驱动器数目不足。轴数的设定或者驱动器的连接有误
SV5137	FSSB：配置错误	所连接的驱动器类型与 FSSB 设定值存在差异
SV5139	FSSB：错误	伺服的初始化没有正常结束。这可能是因为光缆不良、驱动器和其他的模块之间连接错误
SV5197	FSSB：开机超时	虽然 CNC 允许 FSSB 打开，但是 FSSB 并未打开。应确认 CNC 和驱动器间的连接情况

6.3.2　与超程相关的报警（OT 报警）

与超程相关的报警（OT 报警）		
报警号	报警信息	原因分析
OT0500	正向超程（软限位 1）	超出了正端的存储行程检测 1
OT0501	负向超程（软限位 1）	超出了负端的存储行程检测 1
OT0502	正向超程（软限位 2）	超出了正端的存储行程检测 2。或者在卡盘尾座屏障中，正向移动而进入了禁止区
OT0503	负向超程（软限位 2）	超出了负端的存储行程检测 2。或者在卡盘尾座屏障中，负向移动而进入了禁止区
OT0504	正向超程（软限位 3）	超出了正端的存储行程检测 3
OT0505	负向超程（软限位 3）	超出了负端的存储行程检测 3
OT0506	正向超程（硬限位）	起用了正端的行程极限开关，机床到达行程终点时发出报警。发出此报警时，若是自动运行，所有轴的进给都会停止；若是手动运行，仅发出报警的轴停止进给
OT0507	负向超程（硬限位）	启用了负端的行程极限开关，机床到达行程终点时发出报警。发出此报警时，若是自动运行，所有轴的进给都会停止；若是手动运行，仅发出报警的轴停止进给

（续）

与超程相关的报警（OT 报警）		
报警号	报警信息	原因分析
OT0508	+干涉	轴在正向移动过程中与其他刀架发生干涉
OT0509	−干涉	轴在负向移动过程中与其他刀架发生干涉
OT0510	正向超程（预检查）	移动前行程检查中，程序段终点位置在正端行程极限禁止区内。请修改程序
OT0511	负向超程（预检查）	移动前行程检查中，程序段终点位置在负端行程极限禁止区内。请修改程序

6.3.3　与存储器文件相关的报警（I/O 报警）

与存储器文件相关的报警（I/O 报警）		
报警号	报警信息	原因分析
IO1001	文件存取错误	由于 CNC 的文件系统（常驻型）发生异常，不能存取
IO1002	文件系统错误	由于 CNC 的文件系统发生异常，不能存取
IO1030	程序检查代码和错误	CNC 部件程序存储用存储器的校验和不正确
IO1032	存储器存取超限	发生了超出 CNC 部件程序存储用存储器范围的存取
IO1104	刀具寿命管理超过最大组数	超过了系统中的最大刀具寿命管理组数。请修改参数（No.6813）的最大组数

6.3.4　请求切断电源的报警（PW 报警）

请求切断电源的报警（PW 报警）		
报警号	报警信息	原因分析
PW0000	必须关断电源	设置了必须暂时切断电源的参数
PW0001	未定义 X 地址	未能正确分配 PMC 的 X 地址。原因可能在于：在参数（No.3013）的设定过程中，未能正确分配 X 地址的返回参考点减速挡块（＊DEC）
PW0002	PMC 地址不对（轴）	分配轴信号的地址不正确。原因可能在于：参数（No.3021）的设定不正确
PW0003	PMC 地址不对（主轴）	分配主轴信号的地址不正确。原因可能在于：参数（No.3022）的设定不正确
PW0006	须关闭电源（防止误动作功能）	防止错误动作功能检测出了需要关闭电源的报警
PW0007	无法定义 X 地址（跳跃）	未能正确分配 PMC 的 X 地址。原因可能在于：1）在参数（No.3012）的设定过程中，未能正确分配 X 地址的跳跃信号；2）在参数（No.3019）的设定过程中，未能正确分配 X 地址的跳跃以外的信号

（续）

请求切断电源的报警（PW 报警）		
报警号	报警信息	原因分析
PW1102	参数非法（I 补偿）	斜度补偿的参数设定不正确，可能是下列原因引起的：1）斜度补偿的补偿点没有按顺序编号；2）斜度补偿的补偿点没有处在螺距误差补偿点最负端和最正端之间；3）为每个补偿点指定的补偿量过大或过小
PW1110	参数设定错误（伺服电动机主轴）	基于伺服电动机的主轴控制轴的参数设定不正确
PW1111	主轴号码不正确（伺服电动机主轴）	基于伺服电动机的主轴控制轴的主轴号（No. 11010），或者主轴驱动器号（No. 3717）的设定不正确
PW5046	非法参数（平直度补偿）	平直度补偿的参数设定不正确

6.3.5　与主轴相关的报警（SP 报警）

与主轴相关的报警（SP 报警）		
报警号	报警信息	原因分析
SP0740	刚性攻螺纹报警：超差	在刚性攻螺纹期间，主轴停止中的位置偏差量超出了设定值
SP0741	刚性攻螺纹报警：超差	在刚性攻螺纹期间，主轴移动中的位置偏差量超出了设定值
SP0742	刚性攻螺纹报警：LSI 溢出	在刚性攻螺纹期间，主轴侧发生 LSI 溢出
SP0752	主轴方式切换错误	串行主轴控制中，向 Cs 轮廓控制方式、主轴定位（T 系列）方式和刚性攻螺纹方式的切换，以及向主轴控制方式的切换尚未正常结束。如果主轴驱动器对 NC 发出的方式改变指令不能做出正确反应，就会发出该报警
SP0754	异常负载检出	主轴电动机检测出异常负载。报警可以通过重新设定来解除
SP1202	主轴选择错误	通过基于多主轴控制的位置编码器选择信号选择了有效主轴号以外的主轴号。试图选择有效主轴并不存在的路径的主轴号
SP1220	无主轴驱动器	连接于串行主轴驱动器的电缆断线，或者尚未连接好串行主轴驱动器
SP1221	主轴电动机号非法	主轴号与电动机号之间的对应关系不正确
SP1224	主轴—位置编码器间齿轮比错误	主轴与位置编码器之间的齿轮比的设定不正确
SP1225	CRC 错误（串行主轴）	在 CNC 与串行主轴驱动器之间的通信中发生了 CRC 错误（通信错误）

（续）

与主轴相关的报警（SP 报警）		
报警号	报 警 信 息	原 因 分 析
SP1226	格式错误（串行主轴）	在 CNC 与串行主轴驱动器之间的通信中发生了格式错误
SP1227	接收错误（串行主轴）	在 CNC 与串行主轴驱动器之间的通信中发生了接收错误
SP1228	通信错误（串行主轴）	发生了 CNC 与串行主轴驱动器之间的通信错误
SP1229	串行主轴驱动器通信错误	在串行主轴驱动器间（电动机 1、2，或电动机 3、4）的通信中发生了通信错误
SP1231	主轴超差（运动时）	主轴旋转中的位置偏差量大于参数设定值
SP1232	主轴超差（停止时）	主轴停止中的位置偏差量大于参数设定值
SP1233	位置编码器溢出	位置增益编码器的错误计数器/速度指令值溢出
SP1234	栅格偏移量溢出	栅格偏移溢出
SP1240	位置编码器断线	模拟主轴的位置编码器断线
SP1241	D/A 变换器异常	模拟主轴控制用的 D/A 变换器异常
SP1243	主轴参数设定错误（增益）	主轴位置增益的设定不正确
SP1244	移动量过大	主轴的分配量太多
SP1245	通信数据错误	在 CNC 端检测出了通信数据错误
SP1246	通信数据错误	在 CNC 端检测出了通信数据错误
SP1247	通信数据错误	在 CNC 端检测出了通信数据错误
SP1969	主轴控制错误	主轴控制软件中发生了错误
SP1970	主轴控制错误	主轴控制的初始化没有正常结束
SP1971	主轴控制错误	主轴控制软件中发生了错误
SP1972	主轴控制错误	主轴控制软件中发生了错误
SP1974	模拟主轴控制错误	主轴控制软件中发生了错误
SP1975	模拟主轴控制错误	在模拟主轴中检测出了位置编码器的异常
SP1976	串行主轴通信错误	未能为串行主轴驱动器设定驱动器号
SP1977	串行主轴通信错误	主轴控制软件中发生了错误
SP1978	串行主轴通信错误	在与串行主轴驱动器之间的通信中，检测出了超时
SP1979	串行主轴通信错误	在与串行主轴之间的通信中，通信顺序不正确
SP1980	串行主轴驱动器错误	串行主轴驱动器端 SIC-LSI 不良
SP1981	串行主轴驱动器错误	在向串行主轴驱动器端 SIC-LSI 写入数据时发生了错误
SP1982	串行主轴驱动器错误	在从串行主轴驱动器端 SIC-LSI 读出数据时发生了错误
SP1983	串行主轴驱动器错误	不能清除主轴驱动器端的报警
SP1984	串行主轴驱动器错误	在主轴驱动器的再初始化中发生了错误

（续）

与主轴相关的报警（SP 报警）		
报警号	报警信息	原因分析
SP1985	串行主轴控制错误	参数的自动设定失败了
SP1986	串行主轴控制错误	主轴控制软件中发生了错误
SP1987	串行主轴控制错误	CNC 端 SIC-LSI 不良
SP1988	主轴控制错误	主轴控制软件中发生了错误
SP1989	主轴控制错误	主轴控制软件中发生了错误
SP1996	主轴参数设定错误	主轴电动机的分配非法。或者主轴数超过了基于系统的最大值，请确认参数（No. 3701#1、#4、3716、3717）
SP1998	主轴控制错误	主轴控制软件中发生了错误
SP1999	主轴控制错误	主轴控制软件中发生了错误

6.3.6 过热报警（OH 报警）

过热报警（OH 报警）		
报警号	报警信息	原因分析
OH0700	控制器过热	CNC 机柜过热
OH0701	风扇电动机停转	PCB 冷却用风扇电动机异常
OH0704	过热	基于主轴速度变动检测的主轴过热，可能原因：1）重切削时，请减缓切削条件；2）确认切削刀具是否难于切削；3）也可能是由于主轴驱动器的故障所致

6.3.7 其他报警（DS 报警）

其他报警（DS 报警）		
报警号	报警信息	原因分析
DS0001	同步误差过大（位置偏差）	在简单同步控制过程中，主动轴和从属轴的转矩指令超过了用参数（No. 8323）指定的数值。此报警只发生在从属轴
DS0003	进给同步控制调整方式	进给轴同步控制功能处在修正方式中
DS0004	超过最大速度	误动作防止功能检测出超出最大速度的指令
DS0005	超过最大加速度	误动作防止功能检测出了超出最大加速度的指令
DS0006	执行顺序不对	误动作防止功能检测出了执行顺序的非法
DS0007	执行顺序不对	误动作防止功能检测出了执行顺序的非法
DS0008	执行顺序不对	误动作防止功能检测出了执行顺序的非法

（续）

报警号	报警信息	原因分析
其他报警（DS 报警）		
DS0009	执行顺序不对	误动作防止功能检测出了执行顺序的非法
DS0010	非法参考区域	误动作防止功能检测出了参考区域的非法
DS0011	非法参考区域	误动作防止功能检测出了参考区域的非法
DS0012	非法参考区域	误动作防止功能检测出了参考区域的非法
DS0013	非法参考区域	误动作防止功能检测出了参考区域的非法
DS0014	刀具更换检查出机床锁住	对于刀具更换中的 Z 轴，机床锁住接通
DS0015	刀具更换检查出镜像	对于刀具更换中的 Z 轴，镜像接通
DS0016	串行 DCL：位置跟踪错误	1）参数（No.1883、No.1884）的指定在范围外 2）建立参考点时的当前位置与参考点间的距离（检测单位）超出了±2147483647。请修改当前位置或参考点
DS0017	串行 DCL：参考点建立错误	建立参考点时的 FL 速度下的移动量，超出了参数（No.14010）的设定值
DS0018	带零点的光栅尺：进给轴同步误设定	进给轴同步控制的主动轴/从动轴的一方带有零点的光栅尺，另外一方不是带有零点的光栅尺。如此配置的情况下，如果不将进给轴同步控制的选择信号（SYNC<Gn138>或者 SYNCJ<Gn140>）设定为 0，就不能建立参考点
DS0020	未完成回参考点	在倾斜轴控制中的手动返回参考点及通电后没有执行一次返回参考点操作的状态下的自动返回参考点中，试图在尚未完成倾斜轴的返回参考点的状态下，执行正交轴的返回参考点操作。请在完成倾斜轴的返回参考点的状态下，执行正交轴的返回参考点操作
DS0021	启动错误（一个接触式宏）	无法受理宏程序的启动，可能原因有：1）自动运行停止信号 *SP 为 0；2）处在报警中；3）SRN 信号为 1
DS0023	非法参数（I-COMP 值）	斜度补偿的参数设定不正确。为每个补偿点指定的补偿量过大或过小
DS0024	UINT 信号非法输入	不可在空运行速度下刀具移动到重新开始加工位置的过程中，启动中断型用户宏指令
DS0025	不能执行 G60	由于预读单向定位的程序段时和开始执行该程序段时的镜像状态不同，不能执行单向定位。请修改程序
DS0026	角度轴不匹配（D.C.S）	在倾斜轴控制中，倾斜轴/正交轴的一方为带有零点的光栅尺，另外一方不是带有零点的光栅尺。不能在如此配置下使用
DS0027	同步轴不匹配（D.C.S）	进给轴同步控制的主动轴的一方为带有参照标记的直线尺，另外一方不是带有零点的光栅尺。如果不将进给轴同步控制的选择信号（SYNC<Gn138>或者 SYNCJ<Gn140>）设定为 1，就不能建立参考点

（续）

\multicolumn{3}{c}{其他报警（DS 报警）}
报警号	报警信息	原因分析
DS0059	指定的程序号未找到	［外部数据输入］程序号、顺序号搜索中找不到指定的编号。虽然有输入/输出刀具数据的偏置值的请求，通电后却一次也没有执行刀具号输入。没有与输入的刀具号对应的刀具数据。［外部工件号搜索］找不到与指定的工件号对应的程序
DS0131	外部信息量太大	显示外部操作者信息或外部报警信息时，同时请求 5 个或更多个显示
DS0132	信息号未找到	取消外部操作者信息或者外部报警信息时，由于没有指定的信息号而不能取消
DS0133	信息号太大	指定了 0～4095 以外的数值作为外部操作者信息或者外部报警信息的编号
DS0300	APC 报警：须回参考点	需要进行绝对位置检测器的零点设定（参考点与绝对位置检测器的计数器值之间的对应关系），请执行返回参考点操作。本报警在某些情况下会与其他报警同时发生，请通过其他报警采取对策
DS0306	APC 报警：电池电压 0	绝对位置检测器的电池电压已经下降到不能保持数据的低位。或者脉冲编码器第一次通电。再次通电仍然发生，可能是由于电池或电缆的故障所致。请在接通机床电源的状态更换电池
DS0307	APC 报警：电池电压低 1	绝对位置检测器的电池电压下降到更换水准。请在接通机床电源的状态更换电池
DS0308	APC 报警：电池电压低 2	绝对位置检测器的电池电压以前也曾经（包括电源断开中）下降到更换水准。请在接通机床电源的状态更换电池
DS0309	APC 报警：不能返回参考点	试图在不能建立零点的状态下，执行基于 MDI 操作的绝对位置检测器的零点设定。通过手动运行使电动机旋转一周以上，暂时断开 CNC 和伺服驱动器的电源，而后进行绝对位置检测器的零点设定
DS0405	未回到参考点上	自动返回参考点中指定的轴在定位结束时尚未正确地返回到参考点。请从参考点返回开始位置和参考点的距离离开电动机 2 转或更多转的位置执行返回操作。此外，可能是由于起用减速挡块后的位置偏差量小于 128、脉冲编码器的电压不足或不良
DS1120	未指定地址（高位）	指定了在外部数据输入/输出接口的地址信号的前 4 位（EIA4～EIA7）中尚未定义的地址（高位）
DS1121	未指定地址（低位）	指定了在外部数据输入/输出接口的地址信号的后 4 位（EIA0～EIA3）中尚未定义的地址（低位）
DS1124	输出请求错误	在外部数据输出中，再次发出输出请求。或者向没有输出数据的地址发出了输出请求
DS1128	外部数据超限（低位）	由外部数据输入用数据信号 ED0～ED31 输入的数值超出了允许范围

（续）

其他报警（DS 报警）		
报警号	报 警 信 息	原 因 分 析
DS1130	查找顺序不对	处在不能接受程序号、顺序号搜索请求的状态。因为系统没有处在存储器方式或者复位状态
DS1131	外部数据错误（其他）	［外部数据输入］试图通过 G10 在登录过程中输入基于刀具号的刀具偏置的刀具数据
DS1150	A/D 变换报警	A/D 变换器发生故障
DS1184	转矩控制参数错误	在转矩控制中，参数设定有误。转矩常数的参数为 0
DS1448	参数非法（D.C.S）	带有参照零点的光栅尺的参数符合下列任一条件：1）处在使用绝对位置检测器的设定（参数 APC（No. 1815#5）= 1）；2）参数（No. 1821）（标记 1 的间隔）或参数（No. 1882）（标记 2 的间隔）设定为 0 时；3）参数（No. 1821）的设定值大于等于参数（No. 1882）的设定值时；4）参数（No. 1821、No. 1882）的设定值存在 2 倍以上的差时；5）参数（No. 1883、No. 1884）的设定值超出限制值时
DS1449	参数设置参考点间隔不一致	在带有参照标记的光栅尺中，实际的参照标记间隔与参数（No. 1821、No. 1882）中所设定的参照标记间隔不一致
DS1450	回零未结束	参数 ZRN（No. 1005#0）= 0 的设定下，通电后尚未进行一次手动回零操作，指令返回第 1 参考点（07h）
DS1451	PMC 轴控制指令错误	处在不能执行 PMC 轴控制的状态
DS1512	超速	在极坐标插补方式中，试图在极坐标插补的直线轴的速度超过最大切削进给速度下移动
DS1933	须回参考点（同步，混合，重叠）	同步/混合/重叠控制中的轴的机械坐标和绝对或相对坐标的关系偏离。请执行手动返回参考点操作
DS2003	伺服电动机主轴的参数设定错误（PMC 轴控制）	基于伺服电动机的主轴控制轴被作为 PMC 控制轴设定
DS2005	速度增益自动调整中	在速度增益的自动调整中，无法开始自动运行。确认自动调整已经完成后，开始自动运行
DS5340	参数总数检查错误	由于参数已被变更，参数的检查和与基准检查和不一致。将参数恢复为原先的设定，或者重新设定基准检查和

6.3.8　与误动作防止功能相关的报警（IE 报警）

与误动作防止功能相关的报警（IE 报警）		
报警号	报 警 信 息	原 因 分 析
IE0001	正向超程（软限位 1）	误动作防止功能检测出了超出正端的存储行程检测 1 的情况
IE0002	负向超程（软限位 1）	误动作防止功能检测出了超出负端的存储行程检测 1 的情况

（续）

与误动作防止功能相关的报警（IE 报警）		
报警号	报警信息	原因分析
IE0003	正向超程（软限位 2）	误动作防止功能检测出了超出正端的存储行程检测 2 的情况
IE0004	负向超程（软限位 2）	误动作防止功能检测出了超出负端的存储行程检测 2 的情况
IE0005	正向超程（软限位 3）	误动作防止功能检测出了超出正端的存储行程检测 3 的情况
IE0006	负向超程（软限位 3）	误动作防止功能检测出了超出负端的存储行程检测 3 的情况
IE0007	超过最大旋转数值	检测出了误动作防止功能超出最高转速的指令
IE0008	非法加速/减速	误动作防止功能检测出了加/减速的异常
IE0009	非法机械坐标位置	误动作防止功能在检查点检测出了机械坐标的位置偏移

6.4 机床厂家梯形图编写的报警（MESSAGE）

在 MDI 键盘上，按【ALARM】按钮进入 MESSAGE 界面，见下图，这个界面的报警一般是 EX1000~EX2999，由厂家编写梯形图自由定义：

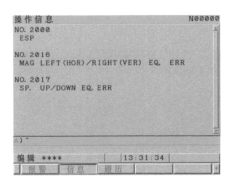

机床厂家编写部分报警界面

根据信息提示并结合机床电路图，查找故障并解决。详细请参阅 5.6 章节。

6.5 系统 PMC 报警

系统 PMC 报警是由梯形图编写错误、使用不当、外部短路、I/O 引起的，其报警界面如下图所示。

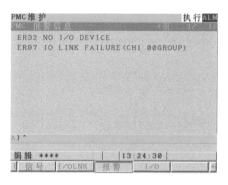

PMC 报警界面

6.6 系统 I/O LINK 轴报警

在 MDI 键盘上，按【SYSTEM】、【翻页】按钮，按【PM. MGR】、【ALM】按钮，进入 I/O LINK 轴报警界面，如下图所示。

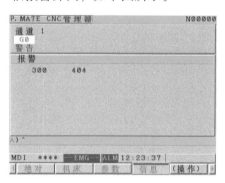

I/O LINK 轴报警

6.7 驱动器报警

6.7.1 αi 电源驱动器报警

αi 电源驱动器报警（型号是 A06B-6110-Hxxx，A06B-6140-Hxxx）		
报警号	原　因	解决方法
1	转换器输入电路过电流	1）输入电源电压不平衡，请确认输入电源的规格 2）AC 电抗器单元规格不同，请确认 PSM 及 AC 电抗器单元的规格 3）IGBT 故障，请更换 IGBT

（续）

αi 电源驱动器报警（型号是 A06B-6110-Hxxx，A06B-6140-Hxxx）		
报警号	原 因	解 决 方 法
2	转换器冷却风扇停止	控制电路冷却风扇的故障。请确认控制电路冷却风扇的旋转状态，更换控制电路的冷却风扇
3	转换器主电路过载	1）主电路冷却风扇的故障，请确认主电路冷却风扇的旋转状态，更换主电路的冷却风扇 2）尘埃的污染，请用车间吹风、吸尘器清洁冷却系统 3）过载运行，请重新探讨运行条件 4）控制基板安装问题，请切实按下面板（连接控制基板与功率基板的连接器偏离时，可能会发出本报警）
4	转换器 DC 链路部分低电压	1）发生瞬间停止，请确认电源 2）输入电源低电压，请确认电源的规格 3）在急停解除状态下，切断主电路电源切断。请确认顺序
5	转换器 DC 链路充电异常	1）SVM、SPM 连接台数过多，请确认 PSM 的规格 2）DC 链路短路，请确认连接 3）充电电流限制电阻故障，请更换连线板
6	转换器控制电流低电压	输入电压降低，请确认电源
7	转换器 DC 链路部分过电压	1）再生功率过大，PSM 的能量不足，请确认 PSM 的规格 2）电源的阻抗较高，请确认电源阻抗（最大输出时的电压波动小于等于 7% 就属于正常） 3）在急停解除状态下切断主电路电源，请确认程序
H	转换器减速电力过大	1）尚未连接再生电阻，请确认再生电阻的配线 2）再生电阻的容量不足，请重新评估再生电阻的规格 3）再生功率过大，请调低加/减速频度后运行 4）再生电阻冷却风扇停止，请确认该风扇运转是否正常
E	转换器主电源断相	1）输入电源断相。请确认电源电压。如果电源电压没有问题，请确认连接 2）电源控制板和底座接触不良

6.7.2　αi 主轴报警

αi 主轴报警（型号 A06B-6111-Hxxx，A06B-6141-Hxxx）		
报警号	原 因	解 决 方 法
01	电动机过热	电动机内部大于等于标准温度 （1）切削过程中显示本报警时（电动机温度过高） 1）请确认电动机的冷却状态 ①主轴电动机后面的冷却风扇是否正常工作 ②对液冷电动机，请确认冷却系统 ③当主轴电动机的环境温度高于指标时，请进行改善 2）请再次确认加工条件 （2）轻负载下显示本报警时（电动机温度过高）

（续）

αi 主轴报警（型号 A06B-6111-Hxxx，A06B-6141-Hxxx）		
报警号	原 因	解 决 方 法
01	电动机过热	1）频繁加/减速时，在包含加/减速输出量的平均值小于等于额定值的条件下使用 2）电动机固有参数设定不正确。参阅主轴参数说明书 （3）电动机温度较低而显示报警时 1）主轴电动机反馈电缆故障，请更换反馈电缆 2）参数 4134 尚未正确设定 3）控制印制电路板故障，请更换控制印制电路板或主轴驱动器 4）电动机（内部温度传感器）故障，请更换电动机
02	速度偏差过大	电动机速度与指令速度有较大差异 （1）电动机加速过程中显示本报警的情形 1）加/减速时间的参数设定值不合理。设定参数 4082 加/减速时间时，要比实际机床的加/减速时间留有余量 2）速度检测器的设定参数有误 （2）重切削时显示本报警的情形 1）切削负荷超过电动机的最大输出。请确认负载表的显示，修改使用条件 2）错误地设定了输出限制的参数。请确认参数与机床及电动机的规格是否一致 3）电动机固有参数没有正确设定
03	DC 链路部分熔体熔断	DC 链路部分的熔体熔断（DC 链路部分的电压不足，在急停解除时检查） （1）主轴运转（旋转）过程中发生报警的情形，很可能是 SPM 内的 DC 链路部分熔体熔断，请更换 SPM。此外，本报警还可能是由于如下原因：①动力线的接地故障；②电动机绕组的接地故障；③IGBT 及 IPM 模件故障 （2）急停解除时或 CNC 启动时 PSM 输入的电磁接触器先打开，又由于本报警而关闭时（主轴连接 2 轴时，也可能不关闭） 1）DC 链路部分的配线尚未连接，请确认 DC 链路的配线是否有误 2）SPM 内的 DC 链路部分熔体熔断，更换 SPM
06	温度传感器断线	温度传感器异常或温度传感器电缆断线 1）电动机固有参数没有正确设定 2）电缆故障，反馈电缆故障，请更换电缆 3）控制印制电路板故障，请更换控制印制电路板或主轴驱动器 4）温度传感器异常，请更换电动机（温度传感器）
07	超速	电动机超过最高转速的 115%（参数标准设定）旋转 （1）主轴同步时发生的情形 在主轴同步过程中，关闭单侧电动机的励磁（SFR、SRV）后再打开时，为了消除此中间聚集的位置误差，主轴电动机可能加速达到最高转速而报警。请修改梯形图 （2）SPM 故障，请更换 SPM
09	主电路过载/IPM 过热	主轴驱动器模件主电路散热器温度异常升高 超过 SPM-15i 就会发生本报警，但 SPM-2.2i ~11i 同样原因时显示报警 12 （1）切削过程中显示本报警时（散热装置温度过高） 1）负载表在小于等于驱动器连续额定下发生报警时，请确认散热装置的冷却状态

（续）

αi 主轴报警（型号 A06B-6111-Hxxx，A06B-6141-Hxxx）		
报警号	原　因	解 决 方 法
09	主电路过载/ IPM 过热	① 冷却风扇停止时请确认电源（连接器 CX1A/B），无法修复时请更换 SPM ② 如果环境温度超过规格书的规定，请进行改善 2）如果负载表在大于等于驱动器额定值工作并有报警发出，改善使用方法 3）如果驱动器背面的散热装置部分灰尘较多，请采用吹风方式进行清洁。要对结构进行研究，以使散热装置部分不会直接接触切削液等 （2）轻负载下显示本报警情形（散热装置温度高） 1）频繁加/减速的情形。请在包含加/减速输出量的平均值小于等于额定值的条件下使用 2）电动机固有参数没有正确设定 （3）控制基板安装问题，请切实按下控制板 （4）散热装置温度低的状态下显示报警的情形，请更换 SPM
12	DC 链路部分 过电流/IPM 报警	主电路的直流部分（DC 链路）电流过大 在 SPM-2.2i～11i 中，主电路的电源模件（IPM）检测出异常。异常的内容为电流过大或过载 （1）在 SPM-2.2i～11i 中显示本报警的情形　请对报警代码 09 的相应内容也进行确认 （2）控制基板安装问题，请切实按下控制板 （3）刚给出主轴旋转指令后发生报警的情形 1）电动机动力线故障，请确认电动机动力线之间有无短路和断路，更换电缆 2）电动机绝缘故障，用绝缘电阻表测量电动机对地电阻 3）电动机固有参数没有正确设定，根据主轴电动机 ID，重新主轴初始化 4）SPM 故障可能是由于功率元件（IGBT、IPM）损坏。请更换 SPM （4）主轴旋转过程中发生报警 1）功率元件损坏。可能是功率元件（IGBT、IPM）损坏。请更换 SPM 不满足驱动器的设定条件，或散热装置部灰尘堆积冷却不充分，功率元件有可能损坏 如果驱动器背面的散热装置部分灰尘较多，请采用吹风方式进行清洁。要对结构进行研究，以使散热装置部分不会直接接触切削液等 2）速度传感器信号的异常。请确认主轴传感器的信号波形，如有异常，请进行调整或更换
15	输出切换/主 轴切换报警	输出切换控制或主轴切换控制的切换操作时的顺序没有正确执行 从切换请求信号（SPSL 或 RSL）变化后，到动力线状态确认信号（MCFN、MFNHG 或 RCH、RCHHG）变化的时间大于等于 1 秒，发生报警。报警发生时的故障排除方法如下 1）动力线切换用电磁接触器（切换装置）周围故障。触头不工作时，请确认电磁接触器的电源，如无法修复，请更换电磁接触器 2）电磁接触器触头确认用配线或 I/O 单元故障。如发现问题请更换配线或 I/O 单元 3）顺序（梯形图）有误请进行处理，以在 1s 以内完成切换

（续）

αi 主轴报警（型号 A06B-6111-Hxxx，A06B-6141-Hxxx）		
报警号	原 因	解 决 方 法
18	程序和数校验异常	和数检验异常。发生报警时，请更换 SPM 或者 SPM 控制印制电路板
19	U 相电流检测电路偏移过大	U 相（报警代码 19）、V 相（报警代码 20）电流检测电路的偏移电压过大。通电时进行检测
20	V 相电流检测电路偏移过大	发生报警时，请更换 SPM。发生在刚更换 SPM 控制印制电路板后，请确认功率单元与 SPM 控制印制电路板之间连接器的插入情况
21	位置传感器的极性错误设定	位置传感器极性没有正确设定。报警发生时的故障排除方法如下 1）请确认位置传感器极性参数（No. 4001#4） 2）请确认位置传感器反馈电缆的配线
24	串行传输数据异常	CNC 与主轴驱动器模件之间的串行通信数据异常 1）CNC 与主轴驱动器模件之间（用电缆连接）的噪声导致通信数据发生异常，请确认有关最大配线长度的条件 2）通信电缆与动力线绑扎在一起时，噪声将有影响 3）电缆故障，请更换电缆。使用光口 I/O 连接适配器时，有可能是光口 I/O 连接适配器或光缆故障 4）SPM 故障，请更换 SPM 或 SPM 控制印制电路板 5）CNC 故障，请更换与串行主轴相关的板或模件 注意：在 CNC 电源切断时也会有本报警显示，但此时不属异常
31	电动机受到束缚报警	电动机无法按指令速度旋转，或停止，或以极低速旋转 （1）以极低速旋转时发生报警的情形 1）参数设定有误，确认传感器设定参数 2）电动机相序有误，确认电动机相序是否有误 3）电动机的反馈电缆有误，请确认 A/B 相信号是否接反 4）电动机反馈电缆故障，请用手旋转电动机，确认 NC 的诊断界面的电动机速度，或主轴检查板上是否显示了速度。没有速度显示时，请更换电缆或主轴传感器（或电动机） （2）完全不旋转而发生报警的情形 1）锁定主轴的顺序有误，请确认顺序是否锁定了主轴 2）动力线故障，请确认至电动机的动力线连接是否正确。请确认进行主轴切换、输出切换时，电磁接触器是否打开 3）SPM 故障，更换 SPM
32	串行通信 LSI 的 RAM 异常	串行通信用 LSI 的存储器异常。通电时进行检测。发生报警时，请更换 SPM 或 SPM 控制印制电路板
34	参数数据越出容许的范围	设定了容许范围外的参数数据 请连接主轴检查板。重新主轴参数初始化。重新机床全部断电
36	错误计数器溢出	错误计数器溢出 （1）参数设定有误 1）齿轮比的参数设定有误，参数值是否过大 2）位置增益设定有误 齿轮比数据正确时，请提高位置增益的数值 4056~4059 主轴与电动机的齿轮比数据

（续）

报警号	原　因	解　决　方　法
	αi 主轴报警（型号 A06B-6111-Hxxx，A06B-6141-Hxxx）	
36	错误计数器溢出	4060~4063 定向时位置增益 4065~4068 伺服方式/主轴同步控制时的位置增益 4069~4072 Cs 轮廓控制时的位置增益 （2）顺序错误　请在位置控制方式（刚性螺纹、Cs 轮廓控制、主轴同步控制）下，确认电动机励磁是否关闭（SFR/SRV 关闭）
37	速度检测器参数错误设定	输入急停信号后，电动机不减速反而加速。输入急停信号后，经过加/减速时间（参数初始设为 10s）后，电动机励磁不切断（减速未完成）时也会发生。报警发生时的故障排除方法如下 1）重新设定主轴参数 2）加/减速时间的参数设定值不合理。请确认参数设定值与实际的减速时间，设定一个对实际减速时间具有余量的数值。例如参数 4082 加/减速时间的设定
41	位置编码器一转信号检测错误	1）确认传感器设定参数 2）位置编码器故障。请观测位置编码器的 Z 信号，在每转动 1 圈没有产生信号时，更换位置编码器 3）传感器与 SPM 之间的电缆屏蔽处理故障 4）与伺服电动机的动力线绑扎到了一起，如果从传感器到 SPM 之间电缆与伺服电动机动力线绑扎到了一起，请分别绑扎 5）SPM 故障，请更换 SPM 或 SPM 控制印制电路板
42	位置编码器一转信号没有产生	1）确认传感器设定参数 2）编码器故障 3）主轴驱动器故障
46	螺纹切削位置传感器一次旋转信号检测错误	
47	位置编码器信号异常	位置编码器信号的脉冲计数值异常 位置编码器 A、B 相在主轴每转动 1 圈产生 4096p/rev 的反馈脉冲数。SPM 在每次产生一次旋转信号时，都检测位置编码器 A、B 相的脉冲计数，当该值超出规定范围时，就会发生报警 1）触动电缆时（主轴运行等）发生报警，可能是导线断线，请更换电缆。有切削液侵入连接器部分时，请进行清洗 2）其他情况下的故障排除方法 ① 确认传感器设定参数 ② 传感器与 SPM 之间的电缆屏蔽处理故障 ③ 与伺服电动机的动力线绑扎到了一起，如果从传感器到 SPM 之间电缆与伺服电动机动力线绑扎到了一起，请分别绑扎 ④ SPM 故障，请更换 SPM 或 SPM 控制印制电路板
50	主轴同步控制的速度指令计算值过大	1）齿轮比的参数设定有误，确认齿轮比数据是否错误地设定了过大的数值 2）位置增益的设定极限。齿轮比数据正确时，请降低主轴同步时位置增益的数值参数，如 4056~4059 主轴与电动机的齿轮比数据，4065~4068 伺服方式/主轴同步控制时的位置增益

（续）

αi 主轴报警（型号 A06B-6111-Hxxx，A06B-6141-Hxxx）		
报警号	原　因	解决方法
52	ITP 信号异常I	1）SPM 故障。请更换 SPM 或 SPM 控制印制电路板
53	ITP 信号异常II	2）CNC 故障。请更换与串行主轴相关的板或模块
54	过载电流报警	检测出电动机内长时间流过较大电流。有关本报警的故障排除方法，请参阅报警代码 29 的项目
55	动力线的切换状态异常	在主轴切换控制或输出切换控制中，电动机励磁过程中切换请求信号（SPSL 或 RSL）与动力线状态确认信号（MCFN、MFNHG 或 RCH、RCHHG）持续不一致的状态。报警发生时的故障排除方法如下 （1）动力线切换用电磁接触器（切换装置）周围不良　触头不工作时，请确认电磁接触器的电源，如无法修复，请更换电磁接触器 （2）电磁接触器触头确认用的配线或 I/O 单元故障　如发现问题，请更换配线或 I/O 单元 （3）顺序（梯形图）有误　请修正顺序，不要在励磁过程中进行切换
56	内部冷却风扇停止	控制电路的冷却风扇停止 1）控制基板安装问题，请切实按下面板 2）请更换 SPM 更换或 SPM 的内部冷却风扇
66	主轴放大器间通信报警	主轴驱动器之间的通信（连机器 JX4）发生异常报警 1）请确认连接 2）请更换电缆
69	超过安全速度	本报警仅在使用双检安全时才会发生。在安全信号方式 C（输入保护装置开启请求而保护装置打开的状态）时，主轴电动机转速超过了安全速度 1）保护装置开启时，在安全速度范围内运行 2）请确认安全速度参数 3）请更换 SPM 控制印制电路板
70	非法的轴数据	本报警仅在使用双检安全时才会发生。主轴驱动器的连接状态与硬件的设定不一致 1）请确认 SPM 的连接和设定 2）请更换 CPU 卡或 SPM 的控制印制电路板
71	安全参数异常	本报警仅在使用双检安全时才会发生。安全参数发生了异常 1）请重新设定安全参数 2）请更换 CPU 卡或 SPM 的控制印制电路板
72	电动机速度判定不一致	本报警仅在使用双检安全时才会发生。主轴驱动器的速度检测判定结果和 CNC 的速度检测判定结果不一致。发生报警时，请更换 CNC 的 CPU 卡或 SPM 的控制印制电路板
73	电动机传感器断线	电动机传感器信号断线 1）电动机励磁关闭时发生报警的情形 ① 参数设定有误，确认传感器设定参数 ② 电缆断线，请更换电缆

（续）

报警号	原因	解决方法
	αi 主轴报警（型号 A06B-6111-Hxxx，A06B-6141-Hxxx）	
73	电动机传感器断线	③ 传感器调整故障，请进行传感器信号的调整。无法调整时或信号观测不到时，请更换连接电缆及传感器 ④ SPM 故障请更换 SPM 或 SPM 控制印制电路板 2）触动电缆时（主轴运行等）发生报警可能是导线断线，请更换电缆。有切削液侵入连接器部分时，请进行清洗 3）电动机旋转时发生报警的情形 ① 传感器与 SPM 之间的电缆屏蔽处理故障 ② 与伺服电动机的动力线绑扎到了一起。如果从传感器到 SPM 之间电缆与伺服电动机动力线绑扎到了一起，请分别绑扎
74	CPU 测试报警	本报警仅在使用双检安全时才会发生。CPU 测试没有正常结束。请更换 SPM 或 SPM 控制印制电路板
75	CRC 测试报警	本报警仅在使用双检安全时才会发生。CRC 测试发生异常。请更换 SPM 或 SPM 控制印制电路板
76	未执行安全功能	本报警仅在使用双检安全时才会发生。尚未执行主轴驱动器的安全功能。发生报警时，请更换 SPM 的控制印制电路板
77	轴号判定不一致	本报警仅在使用双检安全时才会发生 主轴驱动器的轴号检测判定结果和 CNC 的轴号检测判定结果不一致。发生报警时，请更换 CNC 的 CPU 卡或 SPM 的控制印制电路板
78	安全参数判定不一致	本报警仅在使用双检安全时才会发生 主轴驱动器的安全参数检测结果和 CNC 的安全参数检测结果不一致。发生报警时，请更换 CNC 的 CPU 卡或 SPM 的控制印制电路板
79	初始测试动作异常	本报警仅在使用双检安全时才会发生。 发生报警时，请更换 SPM 或 SPM 控制印制电路板
81	电动机传感器一次旋转信号检测错误	（1）使用外部一次旋转信号的情形 1）参数有误。确认齿轮比数据是否与机床规格一致 ① 参数 4171~4173 电动机传感器与主轴之间任意齿轮比分母 ② 参数 4172~4174 电动机传感器与主轴之间任意齿轮比分子 2）主轴与电动机之间的滑动，请确认主轴与电动机之间没有滑动。外部一次旋转信号无法适用于与 V 带的连接 （2）其他情况下的故障排除方法 1）参数设定有误 2）传感器调整有误（BZi、MZi 传感器），请进行传感器信号的调整。无法调整时或信号观测不到时，请更换连接电缆及传感器 3）传感器与 SPM 间的电缆屏蔽处理存在问题 4）与伺服电动机的动力线绑扎到了一起。如果从传感器到 SPM 之间电缆与伺服电动机动力线绑扎到了一起，请分别绑扎 5）SPM 故障，请更换 SPM 或 SPM 控制印制电路板
82	尚未检测出电动机传感器一次旋转信号	不会产生电动机传感器的一次旋转信号 1）确认传感器设定参数 2）传感器调整有误（BZi、MZi 传感器），请进行传感器信号的调整。无法调整时或信号观测不到时，请更换连接电缆及传感器

（续）

αi 主轴报警（型号 A06B-6111-Hxxx，A06B-6141-Hxxx）		
报警号	原　因	解决方法
82	尚未检测出电动机传感器一次旋转信号	3）外部一次旋转信号错误，请观测主轴检查板上的止动销 EXTSC1。在每次转动时，如果没有产生信号，那么更换连接电缆和接近开关 4）SPM 故障，请更换 SPM 或 SPM 控制印制电路板
83	电动机传感器信号异常	SPM 在每产生一次旋转信号时检查 A、B 相的脉冲计数，如果不在规定范围内就发生报警 （1）触动电缆时（主轴移动等）发生报警的情形　可能是导线断线，请更换电缆。有切削液侵入连接器部分时，请进行清洗 （2）其他情形下的故障排除方法 1）参数设定有误 2）传感器调整有误（BZi、MZi 传感器），请进行传感器信号的调整。无法调整时或信号观测不到时，请更换连接电缆及传感器 3）传感器与 SPM 间的电缆屏蔽处理存在问题 4）与伺服电动机的动力线绑扎到了一起。如果从传感器到 SPM 之间电缆与伺服电动机动力线绑扎到了一起，请分别绑扎 5）SPM 故障，请更换 SPM 或 SPM 控制印制电路板
84	主轴传感器断线	参阅报警 73
85	主轴传感器一次旋转信号检测错误	有关本报警的故障排除方法，请参阅报警代码 81
86	尚未检测出主轴传感器一次旋转信号	有关本报警的故障排除方法，请参阅报警代码 82
87	主轴传感器信号异常	有关本报警的故障排除方法，请参阅报警代码 83
88	散热器冷却风扇停止	发生报警时，请更换 SPM 散热器冷却风扇
A		控制程序尚未进入工作状态。在控制程序的处理中检测出了异常
A1	程序 ROM 异常	（1）主轴驱动器接通电源时显示本报警的情形 1）软件规格不同 2）印制电路板故障，请更换 SPM 或 SPM 控制印制电路板
A2		（2）电动机励磁过程中发生报警的情形
b0	驱动器模件之间通信异常	在刚刚接通 CNC 的电源时显示本报警的情形 1）请确认连接器的连接部位 CXA2A 和 CXA2B 连接在一起为正确的状态 2）电缆故障。请确认连接插脚号，若有问题则予以修正。请更换电缆 3）SPM、SVM 或 PSM 故障。请更换 SPM、SVM、PSM 或 SPM、SVM、PSM 的控制印制电路板

129

（续）

αi 主轴报警（型号 A06B-6111-Hxxx，A06B-6141-Hxxx）		
报警号	原　因	解　决　方　法
C0	通信数据报警	报警发生时的故障排除方法 1）SPM 故障，请更换 SPM 或 SPM 控制印制电路板 2）CNC 故障，请更换与串行主轴相关的板或模块
C1		
C2		
C3	主轴切换电路异常	在主轴切换中切换请求信号（SPSL）和电动机/主轴传感器信号的切换电路（辅助模件 SW）的内部状态不一致。报警发生时的故障排除方法 辅助模件 SW（SSW）故障。请更换辅助模件 SW（SSW）

6.7.3　αi 伺服驱动器报警

αi 伺服驱动器报警（型号是 A06B-6114-Hxxx，A06B-6117-Hxxx）		
报警号	原　因	解　决　方　法
1	驱动器内部冷却风扇停止	1）确认风扇中无夹杂异物 2）请切实按下控制基板 3）确认风扇连接器的连接 4）更换风扇 5）更换 SVM
2	驱动器控制电源低电压	1）确认驱动器的 3 相输入电压（应大于等于额定输入电压的 0.85 倍） 2）确认 PSM 输出的 24V 电源电压（正常时：大于等于 22.8V） 3）确认连接器、电缆（CXA2A/B） 4）更换 SVM
5	变频器 DC 链路部分低电压	1）确认 DC 链路用连接电缆（条）螺钉拧紧程度 2）DC 链路部分低电压报警发生在多个模件时，参阅电源模件故障排除 3）DC 链路部分低电压报警仅发生在 1 台 SVM 时，请切实按下发生报警的 SVM 的面板（控制基板） 4）更换发生报警的 SVM
6	变频器过热	1）确认电动机是否在小于等于连续额定下使用 2）确认机架的冷却能力是否下降（检查风扇和过滤器等） 3）确认环境温度是否过高 4）请切实按下面板（控制基板） 5）更换 SVM
F	变频器散热片冷却风扇停止	1）确认风扇中有无夹杂异物 2）请切实按下控制板 3）确认风扇连接器的连接 4）更换风扇 5）更换 SVM

（续）

αi 伺服驱动器报警（型号是 A06B-6114-Hxxx，A06B-6117-Hxxx）		
报警号	原因	解决方法
b	L 轴变频器电动机电流异常	1）确认伺服参数 No. 2004 ~ No. 2041。此外，若是仅在快速加/减速时发生电动机电流异常报警的情形，可能是因为电动机使用条件过于苛刻造成的。请在增大加/减速常数后，再进行观察 2）请切实按下控制板 3）将电动机的动力线从 SVM 上拆下，解除急停
C	M 轴变频器电动机电流异常	① 电动机电流无异常时至 3） ② 电动机电流异常时，更换 SVM 4）将电动机的动力线从 SVM 上拆下，确认电动机动力线的 U、V、W 中的其中一根与 PE 的绝缘
d	N 轴变频器电动机电流异常	① 绝缘老化时至 4） ② 绝缘正常时，更换 SVM 5）将电动机与动力线分离，确认电动机或动力线的绝缘是否老化 ① 电动机的绝缘老化时，更换电动机 ② 动力线的绝缘老化时，更换动力线
8.	L 轴变频器 IPM 报警	1）请切实按下面板（控制基板） 2）将电动机的动力线从 SVM 上拆下，解除急停 ① 没有发生 IPM 报警时至 2） ② 发生 IPM 报警时，更换 SVM
9.	M 轴变频器 IPM 报警	3）将电动机的动力线从 SVM 上拆下，确认电动机动力线的 U、V、W 中的其中一根与 PE 的绝缘 ① 绝缘老化时至 3） ② 绝缘正常时，更换 SVM
A.	N 轴变频器 IPM 报警	4）将电动机与动力线分离，确认电动机或动力线某一方的绝缘是否老化 ① 电动机的绝缘老化时，更换电动机 ② 动力线的绝缘老化时，更换动力线
8	L 轴变频器 DC 链路电流异常	1）请切实按下控制板 2）确认散热器冷却风扇是否停止
9	M 轴变频器 DC 链路电流异常	3）确认电动机是否在小于等于连续额定下使用 4）确认机架的冷却能力是否下降（检查风扇和过滤器等） 5）确认环境温度是否过高
A	N 轴变频器 DC 链路电流异常	6）更换 SVM 7）电动机动力线或者动力线接头短路或者断路（很常见）
8.	L 轴变频器 IPM 报警（OH）	1）请切实按下控制板 2）确认散热器冷却风扇是否停止
9.	M 轴变频器 IPM 报警（OH）	3）确认电动机是否在小于等于连续额定下使用 4）确认机架的冷却能力是否下降（检查风扇和过滤器等） 5）确认环境温度是否过高
A.	N 轴变频器 IPM 报警（OH）	6）更换 SVM
P	驱动器之间通信异常	1）确认连接器、电缆（CXA2A/B） 2）更换控制印制电路板 3）更换 SVM

131

（续）

αi 伺服驱动器报警 （型号是 A06B-6114-Hxxx，A06B-6117-Hxxx）		
报警号	原　因	解　决　方　法
一 闪烁	驱动器控制电源 故障	1）驱动器上拆掉 JF 反馈插头后，故障依旧，驱动器坏 2）反馈线短路 3）电动机编码器短路
U	FSSB 通信异常 （COP10B）	1）驱动器坏 2）轴卡坏 3）光纤坏
L	FSSB 通信异常 （COP10A）	1）驱动器坏 2）轴卡坏 3）光纤坏

6.7.4　βi 伺服驱动器报警

βi 伺服报警时，βi 伺服驱动器没有数码管显示，报警要从系统显示器查看。

βi 伺服驱动器报警 （A06B-6130-H002，A06B-6130-H003，A06B-6160-H002，A06B-6160-H003）		
报警号码	原　因	解　决　方　法
SV0361	脉冲编码器相位异常（内置）	更换伺服电动机编码器，更换反馈电缆。反馈电缆应为屏蔽电缆且抗折弯
SV0364	软相位错误（内置）	
SV0365	LED 异常（内置）	
SV0366	脉冲错误（内置）	
SV0367	计数错误（内置）	
SV0368	串行数据错误（内置）	
SV0369	数据传输错误（内置）	
SV0380	LED 异常（分离式）	全闭环改成半闭环是否报警。确认是全闭环出问题，更换全闭环部件或电缆，或者除尘除污
SV0381	脉冲编码器相位异常（分离式）	
SV0382	计数错误（分离式）	
SV0383	脉冲错误（分离式）	
SV0384	软相位错误（分离式）	
SV0385	串行数据错误（分离式）	
SV0386	数据传输错误（分离式）	
SV0387	检测器异常（分离式）	
SV0027	伺服参数错误	伺服初始化未完成，需要重新初始化
SV0421	半-全闭环误差过大	修改参数 2018.0、2201.1、2078、2079、2118 等参数

（续）

βi 伺服驱动器报警 （A06B-6130-H002，A06B-6130-H003，A06B-6160-H002，A06B-6160-H003）		
报警号码	原　因	解 决 方 法
SV0430	伺服电动机过热	用手摸电动机温度，或者更换编码器
SV0432	驱动器控制电源电压低	测量 CXA19A、CXA19B 电压，需大于 21.6V，更换驱动器
SV0433	驱动器 DC 链路部分电压低	确认三相 220V 电压，更换驱动器
SV0436	软发热 OVC	1）查看电动机是否振动，修改惯量比参数 2）动力线连接相序是否正确，插头是否进水、虚焊 3）检查伺服参数（2062、2063、2065、2162、2163、2164）是否设置正确
SV0438	伺服电动机电流异常	1）检查伺服参数 2004、2040、2041 2）控制板重新插拔到基板 3）检查电动机 U、V、W 是否短路或者三相电阻不平衡或者绝缘老化 4）更换动力电缆 5）更换伺服驱动器
SV0439	转化器 DC 链路过电压	1）使用放电电阻 2）延长加减速时间 3）重新插拔控制板 4）更换驱动器
SV0440	转化器减速电力过大	1）CXA20 需要短路或者接 0Ω 的热保护电阻 2）放电电阻功率小 3）更换伺服驱动器
SV0441	电流偏移异常	更换伺服驱动器
SV0444	驱动器内部风扇坏	更换风扇或者更换伺服驱动器
SV0445	软断线报警	更换编码器或者重新插拔电缆
SV0447	硬件断线报警（分离式）	确认电缆连接是否正确
SV0448	反馈不一致报警	A/B 相检测，把 A 和-A 相反接，或者检测器信号逆向设定
SV0449	驱动器 IPM 报警	1）检查动力线绝缘，动力插头焊接 2）检查电动机绝缘 3）更换伺服驱动器
SV0453	脉冲编码器软件断线	更换编码器或者电缆
SV0601	伺服驱动器散热片风扇坏	更换风扇或者伺服驱动器
SV0603	变频器 IPM 报警（OH）	1）检查散热器风扇风量 2）检查电动机负载 3）更换伺服驱动器

（续）

βi 伺服驱动器报警 （A06B-6130-H002，A06B-6130-H003，A06B-6160-H002，A06B-6160-H003）		
报警号码	原　　因	解　决　方　法
5136	驱动器数量不足	1）检查伺服驱动器有无绿色的 LED 亮 2）检查光纤是否可以通光纤 3）检查反馈电缆是否磨破皮 4）更换伺服驱动器

注：SV0361~SV0387 都是关于编码器的报警，直接和其他轴交换编码器进行判断速度最快。

6.7.5　βi 一体伺服驱动器 SVMP 报警

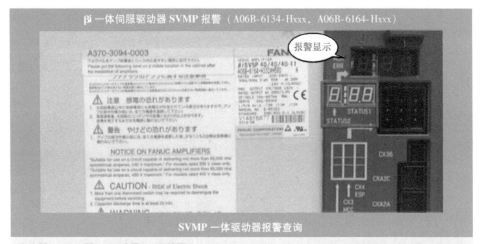

| βi 一体伺服驱动器 **SVMP** 报警 （A06B-6134-Hxxx，A06B-6164-Hxxx） |

SVMP 一体驱动器报警查询					
显示器 伺服 报警	显示器 主轴 报警	驱动器 STATUS1 报警	驱动器 STATUS2 报警	报 警 内 容	解 决 方 法
SV0417				伺服参数错误	参数丢失，重新伺服初始化
SV0421				半-全误差过大	全闭环时报警，检查参数（2018、2201、2078、2079、2118）设置
SV0430				伺服驱动器或者电动机过热	诊断 200.7 为 1，电动机过热；为 0，伺服驱动器过热
SV0431	9058	58		转化器主电路过载升温	更换为冷却风扇；过载运行，探讨运行条件
SV0432	9111	b1		转换器控制电源低电压	输入电压降低，确认电源
SV0433	9051	51		转化器 DC 低电压	确认电源；确认电源规格；急停释放时，切断主电路电源，确认顺序
SV0434			2	伺服控制电源低电压	确认三相输入电压（大于额定电压的0.85 倍）；检查 24V 电源输入（大于22.8V）；确认连接器及电缆（CXA2A、CXA2B）；更换驱动器 SVPM

（续）

显示器 伺服 报警	显示器 主轴 报警	驱动器 STATUS1 报警	驱动器 STATUS2 报警	报警内容	解决方法
SV0435			5	伺服 DC 低电压	三相输入电压降低；更换驱动器控制板；更换驱动器
SV0436				软发热	诊断 200.5 0VC 为 1，确认电动机是否抖动（因为电动机抖动产生的热）；确认动力线是否连接正确，或者动力插头是否老化；确认伺服参数是否设定正确（对于新机床而言）；确认运行条件，查看实际机床负载等
SV0437	9030	30		转化器输入电路过电流	1）输入电源电压不平衡，请确认输入电源的规格 2）AC 电抗器单元规格不同，请确认 PSM 及 AC 电抗器单元的规格 3）IPM 故障，请更换 IPM
SV0438			b	L 轴伺服电动机电流异常	1）确认伺服参数 No.2004 ~ No.2041。此外，若是仅在快速加/减速时发生电动机电流异常报警的情形，可能是因为电动机使用条件过于苛刻造成的。请在增大加/减速常数后，再进行观察 2）请切实按下控制板 3）将电动机的动力线从 SVM 上拆下，解除急停
SV0438			c	M 轴伺服电动机电流异常	①电动机电流无异常时至 3） ②电动机电流异常时，更换 SVM 4）将电动机的动力线从 SVM 上拆下，确认电动机动力线的 U、V、W 中的其中一根与 PE 的绝缘 ①绝缘老化时至 4） ②绝缘正常时，更换 SVM
SV0438			d	N 轴伺服电动机电流异常	5）将电动机与动力线分离，确认电动机或动力线的绝缘是否老化 ①电动机的绝缘老化时，更换电动机 ②动力线的绝缘老化时，更换动力线
SV0439	9011	11		主电路 DC 升压异常	再生功率过大，SVPM 能量不足，确认规格；电源阻抗较高，确认阻抗；在急停状态下，切断主电路电源，确认顺序
SV0441				电流偏移异常	重新开机，如果还报警，更换 SVPM 驱动器
SV0442	9033	33		主电路充电不能在规定时间内完成	SVPM（SVM）连接数量多，确认 SVPM 规格；DC 链路短路，确认连接；充电电流限制电阻故障，更换连接板

135

（续）

显示器伺服报警	显示器主轴报警	驱动器STATUS1报警	驱动器STATUS2报警	报警内容	解决方法
SV0445				软件断线报警	参照诊断200、201、206号，一般在全闭环时发生。反转电动机时发生，可能是机械间隙大，改成半闭环判断
SV0447				硬件断线报警（分离式）	诊断 200.1 FBA、201.7ALD、201.4 EXP 都为1。在使用分离式 A/B 相标尺时，确认 A/B 相检测器连接是否正确
SV0448				反馈不一致报警	诊断 204.0ABF 为1，发生在位置检测器和速度检测器方向相反，A 和 - A 接反。或者修改 2018.0 参数
SV0449			8.	L 轴伺服驱动器 IPM 报警	1）请切实按下面板（控制基板） 2）将电动机的动力线从 SVM 上拆下，解除急停 ① 没有发生 IPM 报警时至 2） ② 发生 IPM 报警时，更换 SVM
SV0449			9.	M 轴伺服驱动器 IPM 报警	3）将电动机的动力线从 SVM 上拆下，确认电动机动力线的 U、V、W 中的其中一根与 PE 的绝缘 ① 绝缘老化时至 3） ② 绝缘正常时，更换 SVM
SV0449	`		A.	N 轴伺服驱动器 IPM 报警	4）将电动机与动力线分离，确认电动机或动力线某一方的绝缘是否老化 ① 电动机的绝缘老化时，更换电动机 ② 动力线的绝缘老化时，更换动力线
SV0453				a 脉冲编码器软件断线	反馈线插头拔下，再次安装开机；或者更换编码器测试
SV0601			F	伺服驱动器散热风扇停止	SVPM 驱动器不会发生此报警，如果发生，那么驱动器损坏
SV0602			6	伺服驱动器过热	确认驱动器是否在小于或者等于连续额定值下运转 检查驱动器散热情况及环境温度 把控制板重新插拔，更换 SVPM 驱动器
SV0603			8.	L 轴伺服 IMP 报警（OH）	确认驱动器是否在小于或者等于连续额定值下运转 检查驱动器散热情况及环境温度 把控制板重新插拔，更换 SVPM 驱动器
SV0603			9.	M 轴伺服 IMP 报警（OH）	
SV0603			A.	N 轴伺服 IMP 报警（OH）	

（续）

显示器伺服报警	显示器主轴报警	驱动器STATUS1报警	驱动器STATUS2报警	报警内容	解决方法
SV0604			P	驱动器模组之间通信异常	确认连接器，连接（CXA2A、CXA2B）；更换 SVPM 驱动器控制板；更换 SVPM 驱动器
SV0607	9004	04		转化器主电源断相	检查三相输入电压 L1、L2、L3 是否断相；更换 SVPM 驱动器（经常坏）
SV0607	9001	01		电动机过热	（1）切削过程中显示本报警时（电动机温度过高） 1）请确认电动机的冷却状态 ① 主轴电动机后面的冷却风扇是否正常工作 ② 对液冷电动机，请确认冷却系统 ③ 如果主轴电动机的环境温度高于指标，请进行改善 2）请再次确认加工条件 （2）轻负载下显示本报警时（电动机温度过高） 1）频繁加/减速时，在包含加/减速输出量的平均小于等于额定值的条件下使用 2）电动机固有参数设定不正确。参阅主轴参数说明书 （3）电动机温度较低而显示报警时 1）主轴电动机反馈电缆故障，请更换反馈电缆 2）参数 4134 尚未正确设定 3）控制印制电路板故障，请更换控制印制电路板或主轴驱动器 4）电动机（内部温度传感器）故障，请更换电动机
	9002	02		电动机速度与指令速度有较大差异	（1）电动机加速过程中显示本报警的情形 1）加/减速时间的参数设定值不合理 2）参数 4082 加/减速时间的设定，要比实际机床的加/减速时间留有余量 3）速度检测器的设定参数有误 （2）重切削时显示本报警的情形 1）切削负荷超过电动机的最大输出，请确认负载表的显示，修改使用条件 2）错误设定了输出限制的参数。请确认如下参数与机床及电动机的规格是否一致 ① 4028 输出限制模式的设定 ② 4029 输出限制值 3）电动机固有参数没有正确设定

（续）

显示器伺服报警	显示器主轴报警	驱动器STATUS1报警	驱动器STATUS2报警	报 警 内 容	解 决 方 法
SV0607	9004	04		转化器主电源断相	检查 L1、L2、L3 输入是否断相；更换 SVPM 驱动器（经验：驱动器坏或者接触器触头炭化故障最多）
	9006	06		温度传感器断线	1）电动机固有参数没有正确设定 2）电缆故障，反馈电缆故障，请更换电缆 3）控制印制电路板故障，请更换控制印制电路板或主轴驱动器 4）温度传感器异常，请更换电动机（温度传感器）
	9007	07		超速	梯形图编写有问题；或者 SVPM 驱动器损坏
	9009	09		主电路过载、IPM 过热、SVPM 升温异常	切削时显示该报警，检查散热片外置冷却风扇是否运转；驱动器是否连续过载运转；驱动器散热片有灰尘；频繁加减速；电动机参数是否设定正确；重新安装 SVPM 控制板；更换 SVPM 驱动器
SV0439	9011	11		转化器直流过电压	再生功率过大，SVPM 能量不足，确认规格；电源阻抗较高，确认阻抗；在急停状态下，切断主电路电源，确认顺序
	9012	12		IPM 报警	1）控制基板安装问题，请切实按下控制板 2）刚给出主轴旋转指令后发生报警的情形 ① 电动机动力线故障，请确认电动机动力线之间有无短路和断路，更换电缆 ② 电动机绝缘故障，用绝缘电阻表测量电动机对地电阻 ③ 电动机固有参数没有正确设定，根据主轴电动机 ID，重新主轴初始化 ④ SVPM 故障。可能是功率元件（IGBT、IPM）损坏。请更换 SVPM。 3）速度传感器异常，更换 4）带打滑
	9018	18		程序和数校验异常	更换 SVPM 控制板或者 SVPM 驱动器
	9019	19		U 相电路检测电路偏移大	更换 SVPM 控制板或者 SVPM 驱动器
	9020	20		V 相电路检测电路偏移大	更换 SVPM 控制板或者 SVPM 驱动器

（续）

显示器伺服报警	显示器主轴报警	驱动器STATUS1报警	驱动器STATUS2报警	报警内容	解决方法
	9021	21		位置传感器极性设定错误	确认参数 4001.4；检查位置传感器连线
	749	24		CNC 与主轴驱动器模件之间的串行通信数据异常	1）CNC 与主轴驱动器模件之间（用电缆连接）的噪声导致通信数据发生异常，请确认有关最大配线长度的条件 2）通信电缆与动力线绑扎到一起时，噪声将有影响 3）电缆故障，请更换电缆 4）SVPM 故障，请更换 SVPM 或 SVPM 控制印制电路板 5）CNC 故障，请更换与串行主轴相关的板或模件 注意：在 CNC 电源切断时，也会有本报警显示，但此时不属异常
	9027	27		位置编码器断线	1）电动机励磁关闭时发生报警 ① 参数设定错误 ② 反馈电缆断线 ③ SVPM 故障 2）触动电缆时，发生报警。连接器接触不良或者断线 3）电动机旋转时报警。反馈线要屏蔽，反馈线和动力线不能绑在一起
	9029	29		短暂过载	1）切削时报警，降低切削负荷 2）停止时发生报警。检查 PLC，是否停止时给主轴定向；或者极低速状态下，主轴被锁定 3）不按照指令旋转（极低速旋转）应检查如下 ① 确认传感器设定的参数 ② 动力线相序 ③ 反馈电缆 4）不按照指令（完全不旋转），应检查如下 ① 动力线 ② SVPM 驱动器
SV0437	9030	30		主电路电源模件 IPM 检查出异常	电源模件（IPM）的控制电源降低；电源电压不平衡；AC 电抗器故障；IPM 故障

（续）

显示器伺服报警	显示器主轴报警	驱动器STATUS1报警	驱动器STATUS2报警	报警内容	解决方法
	9031	31		电动机无法按照指令速度旋转而停止或者以极低速度旋转	（1）以极低速旋转时发生报警的情形 1）参数设定有误，确认传感器设定参数 2）电动机相序有误，确认电动机相序 3）电动机的反馈电缆有误，请确认A/B相信号是否接反 4）电动机反馈电缆故障，请用手旋转电动机，确认NC的诊断界面的电动机速度，或主轴检查板上是否显示了速度。没有速度显示时，请更换电缆或主轴传感器（在主轴电动机风扇下面） （2）完全不旋转而发生报警的情形 1）锁定主轴的顺序有误，请确认顺序是否锁定了主轴 2）动力线故障，请确认至电动机的动力线连接是否正确。请确认进行主轴切换、输出切换时，电磁接触器是否打开 3）SVPM故障，请更换SVPM
	9032	32		串行通信LSI的RAM异常	发生报警时，请更换SVPM或SVPM控制印制电路板
SV0442	9033	33		转化器DC充电异常	1）SVM、SVPM连接台数过多 2）DC链路短路，请确认连接 3）充电电流限制电阻故障，请更换连线板
	9034	34		参数设定错误	设定了容许范围外的参数数据 请连接主轴检查板，重新主轴参数初始化，重新机床全部断电
	9035	35		由位置编码器计算出的电动机速度与主轴软件推测的电动机速度有较大的差异	（1）输入旋转指令时发生报警的情形 1）位置编码器设定参数有误。 请正确输入位置编码器与主轴旋转方向以及主轴与电动机旋转方向相关的位。例如：4000#0 主轴和主轴电动机的旋转方向；4001#4 主轴传感器（位置编码器）的安装方向 2）齿轮比的参数设定有误。请确认齿轮比数据是否正确。根据本数值，进行由位置编码器至电动机速度的换算，请务必设定正确的值。参数 4056～4059 主轴与电动机的齿轮比数据 3）咬合/齿轮信号错误。请确认对应于实际的齿轮选择状态是否输入了正确的咬合/齿轮信号（CTH1A、CTH2A）

（续）

显示器伺服报警	显示器主轴报警	驱动器STATUS1报警	驱动器STATUS2报警	报警内容	解 决 方 法
SV0442	9035	35		由位置编码器计算出的电动机速度与主轴软件推测的电动机速度有较大的差异	4）主轴与主轴电动机间的带滑动。请进行调整，以使主轴与主轴电动机间的带不再滑动 （2）切削时发生报警的情形　由于负载过大，电动机速度降低。请重新评估切削条件
	9036	36		错误计数器溢出	（1）参数设定有误 1）齿轮比的参数设定有误 2）位置增益设定有误。齿轮比数据正确时，请提高位置增益的数值 ① 4056~4059 主轴与电动机的齿轮比数据 ② 4060~4063 定向时位置增益 ③ 4065~4068 伺服方式/主轴同步控制时的位置增益 ④ 4069~4072 Cs 轮廓控制时的位置增益 （2）顺序错误　请在位置控制方式（刚性攻螺纹、Cs 轮廓控制、主轴同步控制）下，确认电动机励磁是否关闭（SFR/SRV 关闭）
	9037	37		速度检测器参数设定错误	输入急停信号后，电动机不减速反而加速。输入急停信号后，经过加/减速时间（参数初始设为 10s）后，电动机励磁不切断（减速未完成）时也会发生。报警发生时的故障排除方法如下 1）重新设定主轴参数 2）加/减速时间的参数设定值不合理。请确认参数设定值与实际的减速时间，设定一个对实际减速时间具有余量的数值
	9041	41		位置编码器一转信号错误	1）确认传感器设定参数 2）位置编码器故障。请观测位置编码器的 Z 信号，在每转动 1 圈没有产生信号时，更换位置编码器 3）传感器与 SPM 之间的电缆屏蔽处理故障 4）与伺服电动机的动力线绑扎到了一起。如果从传感器到 SVPM 之间，电缆与伺服电动机动力线绑扎到了一起，请分别绑扎 5）SVPM 故障。请更换 SVPM 或 SVPM 控制印制电路板
	9042	42		未检测到一转信号	

（续）

显示器伺服报警	显示器主轴报警	驱动器STATUS1报警	驱动器STATUS2报警	报警内容	解决方法
	9046	46		螺纹切削位置传感器一次旋转信号检测错误	
	9047	47		a 位置编码器的脉冲计数异常	1）触动电缆时报警，更换反馈电缆 2）参数设定错误，确认传感器设定参数 3）反馈线是否屏蔽 4）反馈线是否和动力线捆在一起而受到干扰 5）SVPM 故障
	9050	50		主轴同步控制速度计算值过大	1）齿轮比参数设定有误 2）位置增益极限，降低主轴同步时位置增益；4056~4059 主轴与电动机齿轮比；4065~4068 位置增益
SV0433	9051	51		转化器 DC 低电压	确认电源；确认电源规格；急停释放时，切断主电路电源，确认顺序
	9052	52		ITP 信号异常 I	SVPM 故障；CNC 系统故障
	9053	53		ITP 信号异常 II	
	9054	54		主轴电动机长时间过载过电流	按照报警 29 检查
SV0431	9058	58		转化器主电路过载	有冷却风扇更换风扇；过载运行，探讨运行条件 1）控制基板安装问题，请切实按下面板 2）请更换 SVPM
	9073	73		电动机传感器断线	（1）电动机励磁关闭时发生报警的情形 1）参数设定有误，确认传感器设定参数 2）电缆断线。请更换电缆 3）传感器调整故障。请进行传感器信号的调整。无法调整时或信号观测不到时，请更换连接电缆及传感器 4）SPM 故障。请更换 SPM 或 SPM 控制印制电路板 （2）触动电缆时（主轴运行等）发生报警 可能是导线断线，请更换电缆。有切削液侵入连接器部分时，请进行清洗 （3）电动机旋转时发生报警的情形 1）传感器与 SPM 之间的电缆屏蔽处理故障 2）与伺服电动机的动力线绑扎到了一起

（续）

显示器伺服报警	显示器主轴报警	驱动器STATUS1报警	驱动器STATUS2报警	报警内容	解决方法
9075	75			CRC 测试报警	更换 SVPM
9079	79			初始测试操作异常	更换 SVPM
9081	81			电动机传感器一次旋转信号错误	（1）使用外部一次旋转信号的情形 1）参数有误。确认齿轮比数据是否与机床规格一致 ① 参数 4171~4173 电动机传感器与主轴之间任意齿轮比分母 ② 参数 4172~4174 电动机传感器与主轴之间任意齿轮比分子 2）主轴与电动机之间的滑动，请确认主轴与电动机之间没有滑动。外部一次旋转信号无法适用于与 V 带的连接 （2）其他情况下的故障排除方法 1）参数设定有误 2）传感器调整有误（BZi、MZi 传感器）。请进行传感器信号的调整。无法调整时或信号观测不到时，请更换连接电缆及传感器 3）传感器与 SPM 间的电缆屏蔽处理存在问题 4）与伺服电动机的动力线绑扎到了一起。如果从传感器到 SPM 之间电缆与伺服电动机动力线绑扎到了一起，请分别绑扎 5）SPM 故障。请更换 SPM 或 SPM 控制印制电路板
9082	82			尚未检测出电动机传感器一次旋转信号	（1）确认传感器设定参数 （2）传感器调整有误（BZi、MZi 传感器）请进行传感器信号的调整。无法调整时或信号观测不到时，请更换连接电缆及传感器 （3）外部一次旋转信号错误 请观测主轴检查板上的止动销 EXTSC1。在每次转动时，如果没有产生信号，那么更换连接电缆和接近开关 （4）SVPM 故障 请更换 SVPM 或 SVPM 控制印制电路板
9083	83			电动机传感器信号异常	（1）触动电缆时（主轴移动等）发生报警的情形 可能是导线断线，请更换电缆。有切削液侵入连接器部分时，请进行清洗 （2）其他情形下的故障排除方法 1）参数设定有误

143

（续）

显示器伺服报警	显示器主轴报警	驱动器STATUS1报警	驱动器STATUS2报警	报警内容	解决方法
SV0431	9083	83		电动机传感器信号异常	2）传感器调整有误（BZi、MZi 传感器）。请进行传感器信号的调整。无法调整或信号观测不到时，请更换连接电缆及传感器 3）传感器与 SPM 间的电缆屏蔽处理存在问题 4）与伺服电动机的动力线绑扎到了一起。如果从传感器到 SPM 之间电缆与伺服电动机动力线绑扎到了一起，请分别绑扎 5）SVPM 故障。请更换 SVPM 或 SVPM 控制印制电路板
	9084	84		主轴传感器断线	参照报警 73
	9085	85		主轴传感器一次信号检测错误	参照报警 81
	9086	86		尚未检测出主轴传感器一次旋转信号	参照报警 82
	9087	87		主轴传感器信号异常	参照报警 83
	749	A /A1/A2		程序 ROM 异常	更换 SVPM 驱动器；噪声干扰，检查主轴动力线与反馈线
SV0432	9111	b1		控制电源电压降低	输入电压降低，检查电源
	9120	C0		通信数据报警	
	9121	C1		通信数据报警	更换 SVPM 或者 CNC
	9122	C2		通信数据报警	

第7章

保养及维护 FANUC 0iD

7.1 FANUC 0iD 常用快捷方式

FANUC 0iD 常用快捷方式			
功　能	参数写入=1	方　式	操　作
存储器全清	系统开机	在 MDI 操作面板上按【Reset】+【Delete】按钮	
IPL 监控器进入	系统开机	在 MDI 操作面板上按【−】【+】【·】按钮 在 IPM 界面可以对程序、参数进行单独删除	
SW0100 报警	机床急停释放	在 MDI 操作面板上按【CAN】+【RESET】按钮	

7.2 FANUC 0iD 常用备件

FANUC 0iD 常用的备件有三种：熔断器、电池和风扇。

7.2.1 熔断器

FANUC 0iD 常用熔断器			
电流/A	3.2	5.0	1.0
图示			
用途	伺服驱动器，主轴驱动器，电源驱动器	电源驱动器	I/O 板

7.2.2 电池

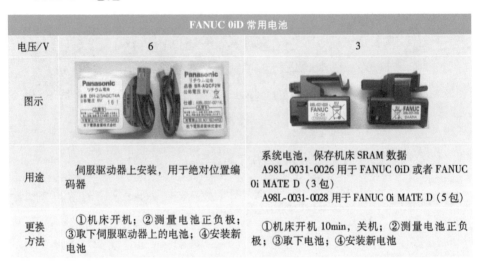

FANUC 0iD 常用电池		
电压/V	6	3
图示		
用途	伺服驱动器上安装，用于绝对位置编码器	系统电池，保存机床 SRAM 数据 A98L-0031-0026 用于 FANUC 0iD 或者 FANUC 0i MATE D（3 包） A98L-0031-0028 用于 FANUC 0i MATE D（5 包）
更换方法	①机床开机；②测量电池正负极；③取下伺服驱动器上的电池；④安装新电池	①机床开机 10min，关机；②测量电池正负极；③取下电池；④安装新电池

7.2.3 风扇

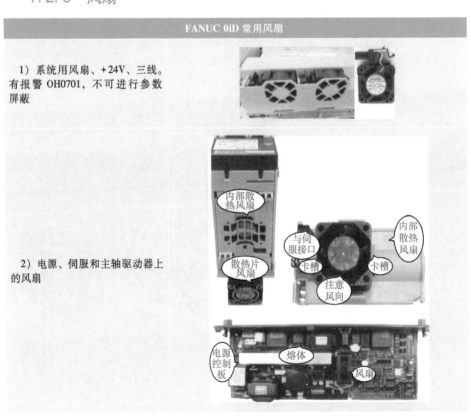

FANUC 0iD 常用风扇
1）系统用风扇、+ 24V、三线。有报警 OH0701，不可进行参数屏蔽
2）电源、伺服和主轴驱动器上的风扇

内部散热风扇

散热片风扇

与伺服接口 卡槽

内部散热风扇

卡槽

注意风向

电源控制板

熔体

风扇

（续）

FANUC 0iD 常用风扇

3）主轴电动机或者伺服电动机后面的风扇。这种风扇一般是三相 220V 电压，不带风扇损坏检测，要定期保养。如果坏，在高速运行时就会出现主轴过热报警

7.3　FANUC 电动机的维护

FANUC 电动机主要分为伺服电动机和主轴电动机，都是三相交流电动机，其维护见下表。

FANUC 电动机的维护

伺服电动机动力线：
A—U（驱动器侧）　　B—V（驱动器侧）
C—W（驱动器侧）　　D—G（地线侧）
主轴电动机动力线：
主轴驱动器 U、V、W、G，接电动机的 U、V、W、G

伺服电动机的保养：
只要定期检查编码器和电动机连接处是否牢固即可
主轴电动机保养：
FANUC 主轴电动机一般在尾部有风扇，要定期清理风扇里面的油污

电动机线圈诊断：
用绝缘电阻表 500V 测量
良好：>100MΩ
开始老化：>10~100MΩ
老化严重：1~10MΩ
有故障：<1MΩ

147

（续）

FANUC 电动机的维护	
伺服电动机编码器拆装： 　用内六角扳手松开 4 个螺钉。用一字槽螺钉旋具，在侧面轻轻撬动	 编码器后盖外观
安装时，要把编码器和电动机的过热检测对准	 拆开后的编码器和电动机

注：1. FANUC 伺服电动机编码器可以随意拆装，但是电动机不行，否则会丢失电动机零点。
　　2. FANUC 电动机编码器里面有玻璃码盘，要轻拿轻放。

第8章

解开 FANUC 0iD 常见故障之谜

8.1　系统黑屏或死机

FANUC 0iD 部分常见故障分析（一）

故障现象	解决方案	图示/二维码
系统全黑屏或死机	（1）全黑，无任何显示　机床上电后，显示器黑屏，无任何显示。此时应该打开操作箱后盖，查看系统主板上7段 LED 数码管的状态根据此处来判断当前系统启动到了哪个阶段，内部发生了何种报警 当该数字上电后跳到 8（不闪烁），不继续变化，则主板 CPU 故障。由于 CPU 的故障，系统无法继续工作，此时需要更换主板 若7段 LED 数码管能正常变为 0，则说明系统正常启动，各项加载工作完成，系统的负责显示的部分发生故障（机床面板操作正常） 1）高压条故障，不能给显示器提供需要的工作电压 2）显示器连接线故障，不能将视频数据传给显示屏 3）显示屏故障，不能显示 （2）黑底，但有提示信息　系统也出现了黑屏，但是为黑底，有信息提示。此种黑屏出现在上电的时候或者机床工作的过程中。对于此种黑屏，要根据屏幕上提示的信息进行处理；系统电池电量耗尽，数据丢失，需要进行数据的恢复（除此之外还会有其他报警，将在后面在相关内容中会进行介绍） （3）显示器上出现横式或竖式的色条，或者一片模糊　对于此种情况，液晶显示器损坏的可能性较大，可进行更换。若更换液晶无效，则系统主板的显示部分故障，进行主板维修	 系统背面 LED 显示管  系统黑屏界面

8.2 系统上电显示正常，急停始终无法消除，无法正常操作

FANUC 0iD 部分常见故障分析（二）		
故障现象	解决方案	图示
系统上电显示正常，急停始终无法消除，无法正常操作	1）系统的急停回路没有打开，急停按钮所涉及的线路故障，无法使系统 PMC 中的 X8.4、G8.4 同时变为 1。一些设计相对复杂的机床，急停回路会串联进若干保护动作，当个别动作条件不满足时，即使 X8.4 变为 1，G8.4 也没有变为 1，应查阅机床厂家提供的电气原理图及 PMC 程序来排查故障，消除急停 2）对于某些进口机床，有其特殊操作，需按下额外的按钮。如机床准备好等特殊按键才能消除急停，或该机床有几个急停按钮，均串联在急停回路中，需检查各急停按钮是否都被拉起 3）PMC I/O LINK 总线异常。在机床上电过程中，系统对外围 I/O LINK 总线所涉及的各 I/O 模块进行自检。当所连的 I/O 模块与实际系统分配的 I/O 模块不一致时，系统 PMC 中出现报警界面 当一个 I/O 模块都没有在上电时被系统检测时，会出现报警界面。当只有个别模块被检测到时，仅出现 ER97 报警，可根据实际 I/O 模块的连接情况，以及括号内的提示进行查找。若括号内为（CH1 01GROUP），则表示第一组 I/O 模块未被检测到（系统出来的那一组 I/O 模块为 0 组）。当系统 PMC 发生 ER97 报警时，所有 I/O 模块将不能正常工作。未连接上的 I/O 模块可能因为连接电缆损坏或未接，也可能是该 I/O 模块的熔体熔断造成通信断开，而产生报警。此界面在【PMMNT】（PMC 维护）→【报警】中查阅	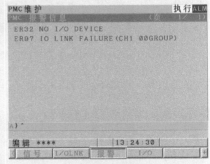 系统部分报警界面

8.3　SV5136 FSSB：驱动器数量不足

FANUC 0iD 部分常见故障分析（三）		
故障现象	解决方案	图　示

SV5136
FSSB：
驱动器
数不足

FSSB 含义为 FANUC 伺服串行总线。FSSB 伺服串行总线，在 0iD 系统里主要连接伺服驱动器和全闭环光栅尺信号转化盒。FSSB 总线用光纤传输（非电缆），传输速度快，无干扰，但易折断，导致 5136 报警。连接图如下

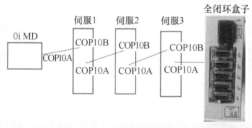

伺服驱动器通过光缆连接到系统本体（A 出 B 入，前一级 COP10A 到后一级的 COP10B。在无连接其他伺服模块时，最后一级的 COP10A 空着）。系统上电时，会对连接的驱动进行检测，当检测到的伺服驱动器与系统本身所设置的驱动数量不一致时，会显示5136 报警，即驱动器数不足

从故障查询界面中可明显看到，系统当前仅检测到一个驱动器，与实际系统中设定的不一致。FSSB总线从系统本体出来，通过光缆连接到第一个伺服驱动器，该驱动器在系统中被识别的号为 1，故障查询界面中的 1-1 即表示第一个驱动器上的第一个轴。当出现此报警时，表示除了第一个驱动器，后面的驱动器均未被检测到。伺服驱动器与伺服驱动器之间的通信通过两种方式实现：

1）跨接线连接（CXA2A→CXA2B，αi 系列）。伺服驱动器工作电压为 24V

2）光缆连接（COP10A→COP10B）

当两者任意一个出现问题，都将造成后一级伺服驱动器不能被识别。当后一级的驱动本身出现问题（如侧板损坏）时，也会造成此问题的发生。βi 系列同理。此外，当反馈电缆出现损坏，造成伺服驱动器侧板不能正常工作时，也会出现类似问题。在查找该报警时，可尝试拔掉反馈电缆进行上电检测

对于该问题的发生，首先要清楚 FSSB 的连接顺序，根据 FSSB 界面显示，判断问题出在哪一个驱动器部位，才能迅速地解决问题

报警内容显示界面

故障查询界面

8.4 机床正在工作过程中出现 SYS_ALM129 电源异常

FANUC 0iD 部分常见故障分析（四）

故障现象	解决方案	图示
机床正在工作过程中出现 SYS_ALM129 电源异常	该报警与前面的 5136 报警类似，都是系统的 FSSB 总线的报警。不同的是 5136 报警多出现在上电以后，由于系统检测到的驱动器数目与实际连接的驱动器数目不匹配，而 SYS_ALM129 报警出现在机床正常工作中，属于突发报警，此时系统停在此界面，不能进行其他的操作。查看界面上的报警信息提示："SYS_ALM ABNORMAL POWER SUPPLY (SERVO：AMP03)/LINE1"，其中的 LINE1 表示是哪一条 FSSB 总线，图示为 FSSB1 总线（在个别机床上，由于控制轴数众多，一条 FSSB 总线无法连接所有的伺服驱动器，进而会通过 2 条 FSSB 总线进行连接），该总线上的第 3 个驱动器供电电源异常 对于此问题的排查，可参考 5136 报警的产生原因 1) 电源模块供电异常（αi 系列）或外部 24V 开关电源（βi 系列）在工作的过程中，对伺服驱动器的供电发生异常，突然间供电电压拉低，使该驱动器无法正常工作。更换电源模块或者更大容量的开关电源 2) 跨接线松动。反馈电缆不良，由于反馈电缆的不良造成驱动器侧板电压波动，伺服驱动器无法正常工作。检查反馈电缆或更换电缆	 报警内容显示界面

8.5 SV0401（X）伺服 V-就绪信号关闭

FANUC 0iD 部分常见故障分析（五）

故障现象	解决方案	图示
SV0401（X）伺服 V-就绪信号关闭	图示中红色表示指令及其信号名，蓝色表示反馈及其信号名。系统上电发出 MCON 进行检测，在一定时间内若没有收到 DRDY 信号则会出现 401 报警。这是系统上电对驱动部分的一个检测过程 对于图示中的信号，在 i 系列以后的系统，均可通过系统自诊断 358 号中的内容进行分析，排查出问题所在	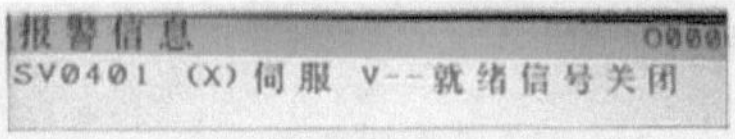 报警信息 0000 SV0401（X）伺服 V--就绪信号关闭 报警内容显示界面 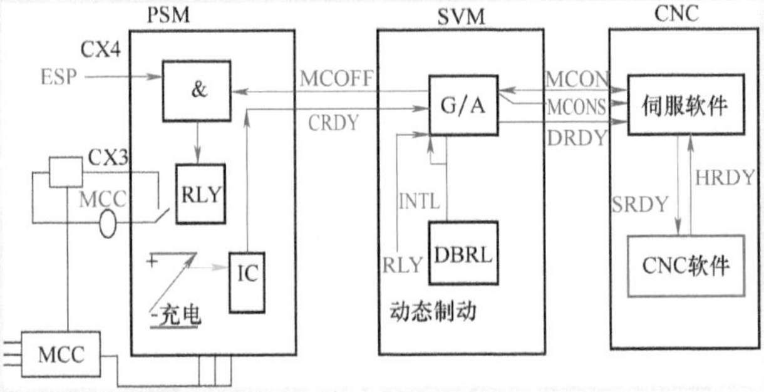 PSM SVM CNC （伺服控制框图：CX4、ESP、&、CX3、MCC、RLY、IC、-充电、MCC、MCOFF、CRDY、G/A、INTL、RLY、DBRL、动态制动、MCON、MCONS、DRDY、伺服软件、SRDY、HRDY、CNC软件）

（续）

FANUC 0iD 部分常见故障分析（五）		
故障现象	解决方案	图示

打开系统自诊断 358 号

15	14	13	12	11	10	9	8	7	6	5	4	2	1	0
	SRDY	DRDY	INTL	RLY	CRDY	MCOFF	MCONA	MCONS	ESP	HRDY				
	1	1	1	1	1	1	1	1	1	1				1

当上面各位为 1 时，表现 10 进制数 32737，伺服状态正确，可以正常上电各信号含义如下

#6	ESP	电源模块急停信号
#7	MCONS	NC→SV Amp 的指令信号
#8	MCONA	SV→PSM 的指令信号
#9	MCOFF	SV→PSM 的接触器关断信号
#10	CRDY	整流正常准备信号
#11	RLY	动态制动模块继电器通电信号
#12	INTL	动态制动模块继电器励磁信号
#13	DRDY	SV→NC 准备完成信号
#14	SRDY	NC 侧的伺服准备完成信号

（故障现象栏左侧：SV0401（X）伺服 V- 就绪信号关闭）

当出现 401 报警时，则需要根据自诊断 358 里面的数字换算成 2 进制数进行分析。例如 358 显示 417，通过换算以后得到 110100001（第 6 位为 0），查 ESP 为 0，即驱动器急停上的急停信号 ESP 没有打开，请检查驱动器上的急停回路。又如自诊断 358 显示 993，通过换算得到 1111100001（第 10 位为 0），查 CRDY 为 0，即电源模块没有整流充电，主回路没有上电，MCC 接触器没有正常工作

8.6　SV0436 软过热继电器

FANUC 0iD 部分常见故障分析（六）		
故障现象	解决方案	图示/二维码
SV0436 软过热继电器	电动机运行过程中电流过大，超过限制，首先要分析该电动机为何在运行过程中电流会突然过大。一般来说电流过大原因是外部负载突然增加，而表现在电动机上就是电流增大 解决方法如下 1）对于带抱闸的电动机，电动机抱闸是否完全松开，可检查抱闸回路，24V 供电是否正常 2）对于转台电动机，该电动机是否被外部制动抱死 3）移动的过程中，是否受到机械外力，阻碍了电动机的继续旋转	

8.7　SV0368 串行数据错误（内装）

故障现象	解决方案	图示/二维码
	FANUC 0iD 部分常见故障分析（七）	
SV0368 串行数据错误（内装）	系统接收不到来自电动机脉冲编码器的反馈 解决办法如下 1）编码器反馈电缆不良，更换编码器电缆 2）编码器不良，更换编码器 3）伺服驱动器侧板不良	

8.8　SP9031 主轴超差报警

故障现象	解决方案	图示/二维码
	FANUC 0iD 部分常见故障分析（八）	
SP9031 主轴超差报警	主轴旋转时，主轴负载很大，有时会来回摆动，有时发生 9031 报警，主轴驱动器显示 31。系统发出旋转指令后，通过主轴传感器反馈的主轴转速远远没有达到主轴的指令速度，系统认为主轴电动机被锁住 解决方法如下 1）检查主轴动力线，相序是否正常，是否断相。在这两种情况下，主轴均不能正常旋转，负载过大 2）主轴反馈线是否不良，不能如实反馈主轴转速 3）传感器损坏，传感器不能正常检测主轴转速，与实际转速有较大出入 在这些情况下，主轴驱动器无法检测到与实际主轴指令相匹配的主轴转速，且差别较大，于是主轴被锁住，发生 SP9031 报警 更换编码器后，务必调整主轴定位位置（修改参数 4077）	

8.9　回零点故障

8.9.1　参考点 PS0090 号报警处理

故障现象	解决方案
	FANUC 0iD 部分常见故障分析（九）
参考点 PS0090 号报警处理	用增量位置编码器，机床每次开机需要回零，如果回零失败，会出现 PS0090 报警 解决方法如下 1）将轴远离零点开关，以一个高速再次回零。当回零速度过低时，会因为检测不到电动机编码器零脉冲，而不能正常回零 2）手动触发回零开关，在 PMCDGN 界面看 X9.0~X9.3 有无 0，1，0…变化 3）检查参数 1420 快速 G0 速度；参数 1424 手动快速移动速度；参数 1425 控制回零减速速度 4）检查面板快速移动倍率开关是否有效（可以看梯形图 G14.0 和 G14.1） 5）更换电动机后面的编码器

8.9.2　DS0300 参考点丢失报警

FANUC 0iD 部分常见故障分析（十）	
故 障 现 象	解 决 方 案
DS0300 参考点丢失报警	当 1815.5APC 参数为 1 时，才出现零点丢失报警。该参数设置为 1，表示当前使用绝对式脉冲编码器，但是没有设置零点，故系统认为零点丢失 可将机床主轴移动到机械零点，1815.4 参数设为 1，重启报警消失。如不能消除，更换反馈线、电池、编码器来判断

8.9.3　偶发性机床精度差一个螺距

FANUC 0iD 部分常见故障分析（十一）	
故 障 现 象	解 决 方 案
偶发性机床精度差一个螺距	该故障出现在使用增量式脉冲编码器时，无报警产生，但是通过减速开关回零后，经常不在一个位置，差一个螺距 解决方法如下 1）将 1850 参数栅格偏移半个螺距的长度 2）将机床行程减速开关移动半个螺距 3）将编码器拆下，手动转半圈，然后安装 4）确认该轴参考计数器容量（参数 1821）计算是否准确

8.10　车床外置编码器故障

8.10.1　车床 G01 不能运行

FANUC 0iD 部分常见故障分析（十二）		
故 障 现 象	解 决 方 案	图 示
车床 G01 不能运行	数控车床默认为每转进给，当系统没有识别到来自主轴的一转信号时，认为主轴没有旋转，所以 G01 不能运行 解决方法如下 1）如果加工无须每转进给，可将加工程序前增加 G98，变为每分钟进给 2）用手盘主轴，看有无主轴转速，如果无主轴速度反馈，检查同步带是否断裂，位置编码器是否损坏，编码器反馈电缆是否不良。如果有主轴转速，检查位置编码器电缆的接线是否正确，更换电缆或重新焊接（模拟主轴与串行主轴位置编码器的反馈电缆接线方式不同，就在于一转信号的接法） 3）交换系统主板（模拟主轴）或主轴驱动器（串行主轴）进行测试	 主轴外置编码器的连接 主轴外置编码器（连接图参照附录 A）

8.10.2　车床 G32 不能运行

FANUC 0iD 部分常见故障分析（十三）	
故 障 现 象	解 决 方 案
车床 G32 不能运行	G32 是螺纹加工指令，在执行该指令时，同样要检测主轴的一转信号 解决方法如下 1）测量编码器接线是否断路 2）测量外置编码器是否发出一转信号 Z、–Z

8.11　主轴定向位置不准

FANUC 0iD 部分常见故障分析（十四）	
故 障 现 象	解 决 方 案
主轴定向位置不准	在加工中心上进行换刀时，每一次主轴定向的位置不准，每次定向不在同一位置 （1）要明确主轴用何种位置检测器方式进行定向 1）检测主轴电动机内置一转信号 2）检测外部位置编码器 3）检测外部一转信号 4）检测 BZI 或 CZI 传感器 （2）要确定主轴的定向是否完成，是否中途停了下来　不同的情况，产生的原因不同 1）对于主轴电动机内置一转信号，其定向是主轴电动机的定向，因此应确认主轴电动机与主轴之间是否为 1∶1 连接。若非 1∶1 连接，需要改变主轴和主轴电动机的传动机构，使两者之间为 1∶1 连接；若机械上无法更改，需外加位置编码器或外部一转信号 2）对于外部位置编码器，位置编码器与主轴之间应该是 1∶1（使用同步带连接）。当连接非 1∶1 时，定向会发生位置不准的问题，同时若使用 V 带进行连接，则可能是在旋转到停的过程中，由于 V 带安装较松，存在打滑，也会造成定向位置不准。另外，当位置编码器的轴与同步齿轮之间存在较大间隙时，也可以造成定向不准 3）对于外部一转信号，应确认主轴与主轴电动机之间的传动比参数 4056～4059，4171～4174 是否严格按照实际传动关系来设定 4）对于 BZI 或 CZI 传感器，此种传感器固定在主轴上，当主轴高速旋转时，不能有相对移动。当有相对滑移时，定向的位置也会发生改变。当更换 BZI 或 CZI 传感器时，应尽量更换同型号的传感器，以免因为传感器齿环齿数的改变，导致定向位置不准 5）当主轴定向不能正常完成时，请注意传感器电缆的屏蔽接地处理，反馈线尽可能与动力线分开，避免强电对弱电信号的干扰

8.12   SYS_ALM500 SRAM DATA ERROR 故障处理

FANUC 0iD 部分常见故障分析（十五）		
故 障 现 象	解 决 方 案	图示/二维码
SYS _ ALM500 SRAM DATA ER-ROR 故障处理	**FANUC 系统记忆电路板 RAM 数据乱报警** 解决方法如下 1）系统 3V 电池电压低导致数据丢失，开机全清解决 2）记忆电路板损坏（系统 F- ROM 卡）或质量不良。更换 3）外部 24V 系统电源不稳定而引起的冲击。更换电源 不管上述何种原因，系统的数据均会丢失，需要重新输入正确的数据	

注：无论系统是否具有自动备份功能，都应该使用存储卡做好数据备份工作，以免数据丢失。可根据界面中每一项的内容以及下方的操作按键选择适当的操作，备份或恢复数据。切记不要随意操作系统本身的文件，否则将导致系统软件崩溃，无法正常启动。

附录

附录 A　常用图样

序号	说　明	图　样
K1	系统电源输入	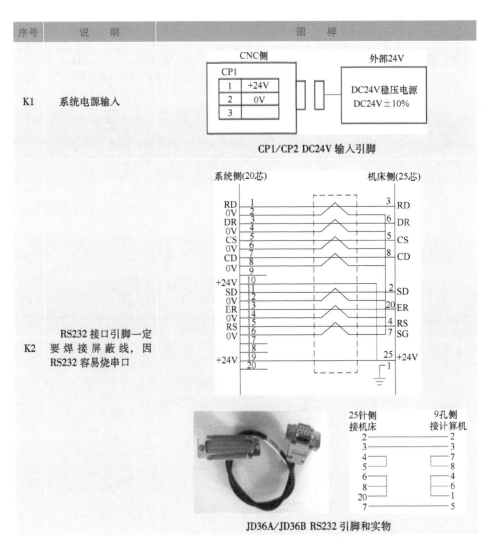
K2	RS232 接口引脚一定要焊接屏蔽线，因 RS232 容易烧串口	

（续）

序号	说　明	图　样

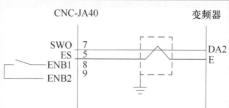

模拟主轴输出引脚

K4　　1）机床厂家使用模拟主轴时，可选择JA40。系统向外部提供 0~10V 模拟电压来控制变频器调速。单极性时，极性不能接错，否则变频器不能调速
2）JA40 用于高速跳转信号 HDI

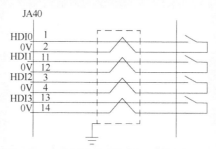

HDI0/HDI1/HDI2/HDI3 引脚

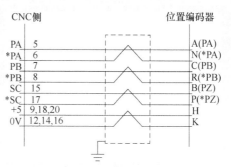

JA41 位置编码器引脚

K5　　模拟主轴连接编码器时，JA41 端口连接位置编码器

JA41 位置编码器

（续）

序号	说　　明	图　　样
K6	AC220V 控制电源导线规格建议使用 1.25mm^2	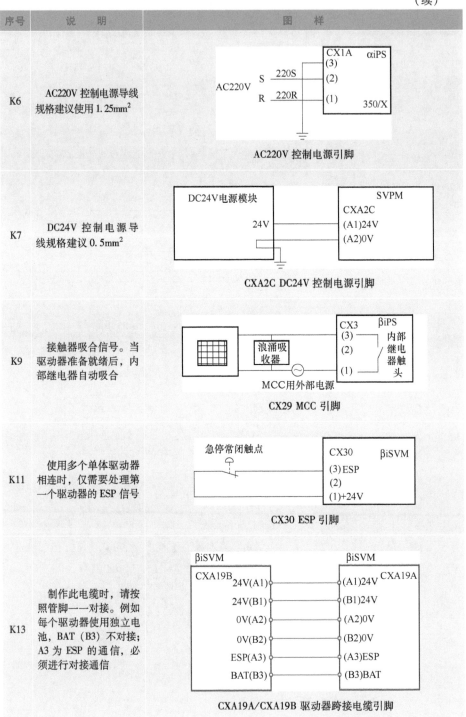
K7	DC24V 控制电源导线规格建议 0.5mm^2	
K9	接触器吸合信号。当驱动器准备就绪后，内部继电器自动吸合	
K11	使用多个单体驱动器相连时，仅需要处理第一个驱动器的 ESP 信号	
K13	制作此电缆时，请按照管脚一一对接。例如每个驱动器使用独立电池，BAT（B3）不对接；A3 为 ESP 的通信，必须进行对接通信	

（续）

序号	说　明	图　样

K14　JA7A/JA7B

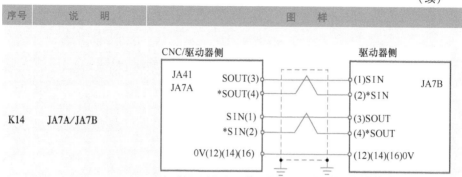

JA7A/JA7B NC 与主轴驱动器通信电缆

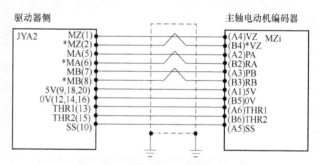

JYA2 主轴电动机内部编码器接口引脚

K15　连接主轴驱动器和电动机编码器，如使用 Mi 编码器，无须接 1、2、9、18、12、14 这些管脚

JYA2 主轴电动机内部编码器

（续）

序号	说　明	图　样

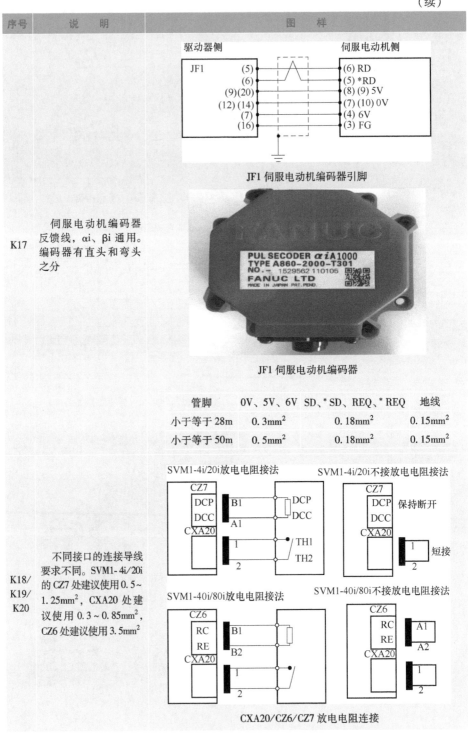

JF1 伺服电动机编码器引脚

K17 伺服电动机编码器反馈线，αi、βi 通用。编码器有直头和弯头之分

JF1 伺服电动机编码器

管脚	0V、5V、6V	SD、*SD、REQ、*REQ	地线
小于等于 28m	0.3mm²	0.18mm²	0.15mm²
小于等于 50m	0.5mm²	0.18mm²	0.15mm²

K18/K19/K20 不同接口的连接导线要求不同。SVM1-4i/20i 的 CZ7 处建议使用 0.5~1.25mm²，CXA20 处建议使用 0.3~0.85mm²，CZ6 处建议使用 3.5mm²

SVM1-4i/20i放电电阻接法
SVM1-4i/20i不接放电电阻接法
SVM1-40i/80i放电电阻接法
SVM1-40i/80i不接放电电阻接法

CXA20/CZ6/CZ7 放电电阻连接

（续）

序号	说　明	图　样

JA3 手轮引脚

K21　JA3 手轮信号容易受到干扰，建议使用双绞线

	A	B		A	B
01	0V	+24V	01	0V	+24V
02	Xm+0.0	Xm+0.1	02	Xm+3.0	Xm+3.1
03	Xm+0.2	Xm+0.3	03	Xm+3.2	Xm+3.3
04	Xm+0.4	Xm+0.5	04	Xm+3.4	Xm+3.5
05	Xm+0.6	Xm+0.7	05	Xm+3.6	Xm+3.7
06	Xm+1.0	Xm+1.1	06	Xm+8.0	Xm+8.1
07	Xm+1.2	Xm+1.3	07	Xm+8.2	Xm+8.3
08	Xm+1.4	Xm+1.5	08	Xm+8.4	Xm+8.5
09	Xm+1.6	Xm+1.7	09	Xm+8.6	Xm+8.7
10	Xm+2.0	Xm+2.1	10	Xm+9.0	Xm+9.1
11	Xm+2.2	Xm+2.3	11	Xm+9.2	Xm+9.3
12	Xm+2.4	Xm+2.5	12	Xm+9.4	Xm+9.5
13	Xm+2.6	Xm+2.7	13	Xm+9.6	Xm+9.7
14			14		
15			15		
16	Yn+0.0	Yn+0.1	16	Yn+2.0	Yn+2.1
17	Yn+0.2	Yn+0.3	17	Yn+2.2	Yn+2.3
18	Yn+0.4	Yn+0.5	18	Yn+2.4	Yn+2.5
19	Yn+0.6	Yn+0.7	19	Yn+2.6	Yn+2.7
20	Yn+1.0	Yn+1.1	20	Yn+3.0	Yn+3.1
21	Yn+1.2	Yn+1.3	21	Yn+3.2	Yn+3.3
22	Yn+1.4	Yn+1.5	22	Yn+3.4	Yn+3.5
23	Yn+1.6	Yn+1.7	23	Yn+3.6	Yn+3.7
24	DOCOM	DOCOM	24	DOCOM	DOCOM
25	DOCOM	DOCOM	25	DOCOM	DOCOM

K22　表中的 m、n 是该模块进行地址分配对应"MOUDLE"界面的首地址

	A	B		A	B
01	0V	+24V	01	0V	+24V
02	Xm+4.0	Xm+4.1	02	Xm+7.0	Xm+7.1
03	Xm+4.2	Xm+4.3	03	Xm+7.2	Xm+7.3
04	Xm+4.4	Xm+4.5	04	Xm+7.4	Xm+7.5
05	Xm+4.6	Xm+4.7	05	Xm+7.6	Xm+7.7
06	Xm+5.0	Xm+5.1	06	Xm+10.0	Xm+10.1
07	Xm+5.2	Xm+5.3	07	Xm+10.2	Xm+10.3
08	Xm+5.4	Xm+5.5	08	Xm+10.4	Xm+10.5
09	Xm+5.6	Xm+5.7	09	Xm+10.6	Xm+10.7
10	Xm+6.0	Xm+6.1	10	Xm+11.0	Xm+11.1
11	Xm+6.2	Xm+6.3	11	Xm+11.2	Xm+11.3
12	Xm+6.4	Xm+6.5	12	Xm+11.4	Xm+11.5
13	Xm+6.6	Xm+6.7	13	Xm+11.6	Xm+11.7
14	COM4		14		
15			15		
16	Yn+4.0	Yn+4.1	16	Yn+6.0	Yn+6.1
17	Yn+4.2	Yn+4.3	17	Yn+6.2	Yn+6.3
18	Yn+4.4	Yn+4.5	18	Yn+6.4	Yn+6.5
19	Yn+4.6	Yn+4.7	19	Yn+6.6	Yn+6.7
20	Yn+5.0	Yn+5.1	20	Yn+7.0	Yn+7.1
21	Yn+5.2	Yn+5.3	21	Yn+7.2	Yn+7.3
22	Yn+5.4	Yn+5.5	22	Yn+7.4	Yn+7.5
23	Yn+5.6	Yn+5.7	23	Yn+7.6	Yn+7.7
24	DOCOM	DOCOM	24	DOCOM	DOCOM
25	DOCOM	DOCOM	25	DOCOM	DOCOM

CB104~CB107 I/O 模块信号连接表

(续)

序号	说　明	图　样
K22	表中的 m、n 是该模块进行地址分配对应"MOUDLE"界面的首地址	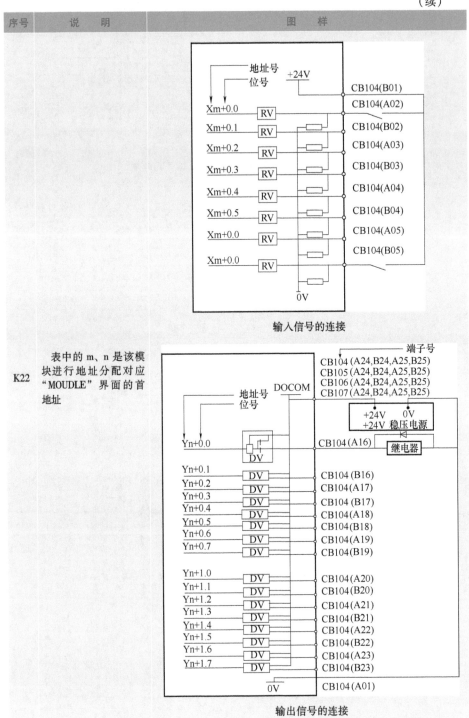

（续）

序号	说　明	图　样

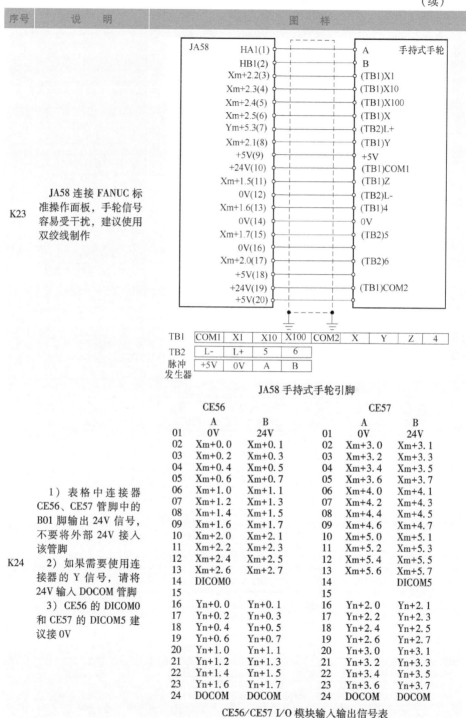

K23　JA58 连接 FANUC 标准操作面板，手轮信号容易受干扰，建议使用双绞线制作

JA58 手持式手轮引脚

1）表格中连接器 CE56、CE57 管脚中的 B01 脚输出 24V 信号，不要将外部 24V 接入该管脚

K24　2）如果需要使用连接器的 Y 信号，请将 24V 输入 DOCOM 管脚

3）CE56 的 DICOM0 和 CE57 的 DICOM5 建议接 0V

	CE56			CE57	
	A	B		A	B
01	0V	24V	01	0V	24V
02	Xm+0.0	Xm+0.1	02	Xm+3.0	Xm+3.1
03	Xm+0.2	Xm+0.3	03	Xm+3.2	Xm+3.3
04	Xm+0.4	Xm+0.5	04	Xm+3.4	Xm+3.5
05	Xm+0.6	Xm+0.7	05	Xm+3.6	Xm+3.7
06	Xm+1.0	Xm+1.1	06	Xm+4.0	Xm+4.1
07	Xm+1.2	Xm+1.3	07	Xm+4.2	Xm+4.3
08	Xm+1.4	Xm+1.5	08	Xm+4.4	Xm+4.5
09	Xm+1.6	Xm+1.7	09	Xm+4.6	Xm+4.7
10	Xm+2.0	Xm+2.1	10	Xm+5.0	Xm+5.1
11	Xm+2.2	Xm+2.3	11	Xm+5.2	Xm+5.3
12	Xm+2.4	Xm+2.5	12	Xm+5.4	Xm+5.5
13	Xm+2.6	Xm+2.7	13	Xm+5.6	Xm+5.7
14	DICOM0		14		DICOM5
15			15		
16	Yn+0.0	Yn+0.1	16	Yn+2.0	Yn+2.1
17	Yn+0.2	Yn+0.3	17	Yn+2.2	Yn+2.3
18	Yn+0.4	Yn+0.5	18	Yn+2.4	Yn+2.5
19	Yn+0.6	Yn+0.7	19	Yn+2.6	Yn+2.7
20	Yn+1.0	Yn+1.1	20	Yn+3.0	Yn+3.1
21	Yn+1.2	Yn+1.3	21	Yn+3.2	Yn+3.3
22	Yn+1.4	Yn+1.5	22	Yn+3.4	Yn+3.5
23	Yn+1.6	Yn+1.7	23	Yn+3.6	Yn+3.7
24	DOCOM	DOCOM	24	DOCOM	DOCOM

CE56/CE57 I/O 模块输入输出信号表

（续）

序号	说　明	图　样
K25	CX36/CX38	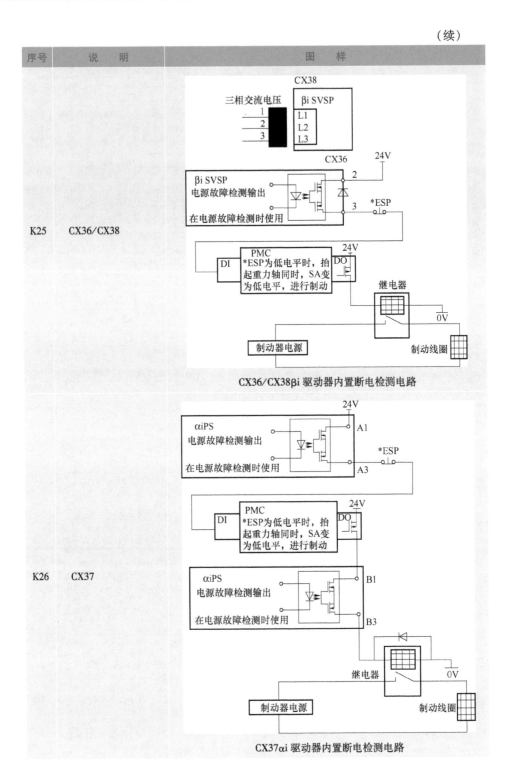
K26	CX37	

CX36/CX38βi 驱动器内置断电检测电路

CX37αi 驱动器内置断电检测电路

（续）

序号	说　明	图　样

K27

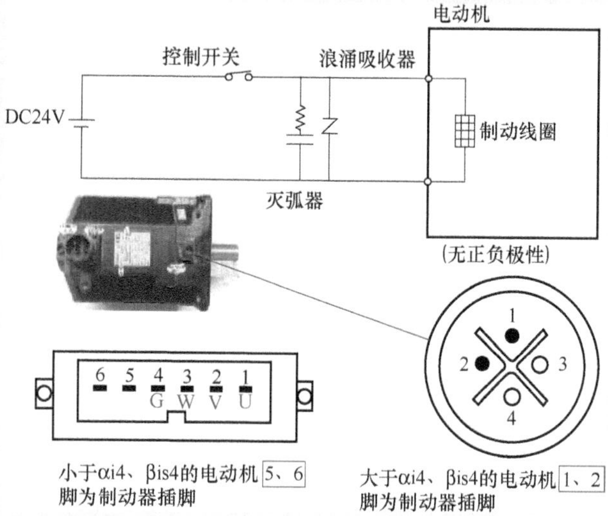

浪涌吸收器
控制开关
电动机
DC24V
制动线圈
灭弧器
（无正负极性）

6 5 4 3 2 1
G W V U

小于αi4、βis4的电动机 5、6
脚为制动器插脚

大于αi4、βis4的电动机 1、2
脚为制动器插脚

电动机制动器连接

K28　CX48 输入电流小于 10mA，建议导线规格为 1. 25mm^2

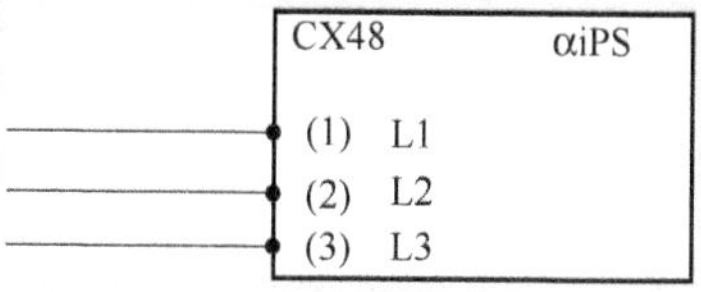

CX48　　　　　αiPS
(1)　L1
(2)　L2
(3)　L3

AC220V 电源相序检测

K29　CXA2D 模块总电流小于 9A，超出部分另外供电，并且超出部分不得大于 4. 5A

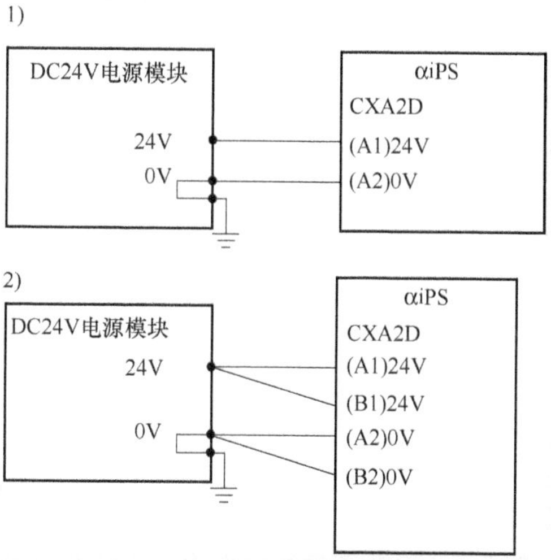

1)

DC24V电源模块　　　αiPS
CXA2D
24V　　　(A1)24V
0V　　　(A2)0V

2)

DC24V电源模块　　　αiPS
CXA2D
24V　　　(A1)24V
　　　(B1)24V
0V　　　(A2)0V
　　　(B2)0V

CXA2D DC24V 供电电源

（续）

序号	说 明	图 样
K31	JY1 可变电阻阻值在 2~10kΩ，导线规格建议为 0.09mm^2	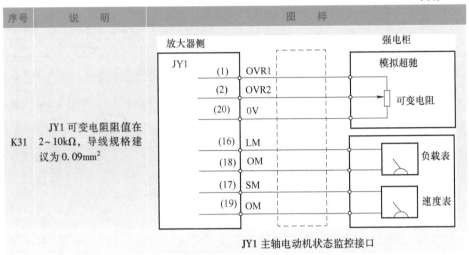

附录 B　G 代码（铣床）

G 代 码	组 别	功 能
G00		定位
G01		直线插补
G02	01	圆弧插补/螺旋插补 CW
G03		圆弧插补/螺旋插补 CCW
G04		停刀，准确停止
G05.1	00	AI 轮廓/AI 预读/平滑插补
G05.4		HRV3 打开/取消
G07.1（G107）		圆柱插补
G08		先行控制
G09	00	精确停止
G10		可编程数据输入
G11		可编程数据输入取消
G15	17	极坐标指令取消
G16		极坐标指令
G17		X_p、Y_p 平面选择
G18	02	Z_p、X_p 平面选择
G19		Y_p、Z_p 平面选择
G20	06	英制输入
G21		公制输入

X_p：X 轴或其平行轴

Y_p：Y 轴或其平行轴

Z_p：Z 轴或其平行轴

（续）

G 代 码	组　别	功　能
G22	04	存储行程检查功能打开
G23		存储行程检查功能关闭
G27		返回参考点检查
G28		自动返回参考点
G29	00	从参考点自动返回
G30		返回第2、第3和第4参考点
G31		跳转功能
G33	01	螺纹切削
G37	00	自动刀具长度补偿
G40		刀具补偿取消
G41	07	左侧刀具补偿
G42		右侧刀具补偿
G40.1（G150）		法线方向控制取消
G41.1（G151）	19	左侧法线方向控制打开
G42.1（G152）		右侧法线方向控制打开
G43	08	+方向刀具长度补偿
G44		-方向刀具长度补偿
G45		刀具偏置加
G46	00	刀具偏置减
G47		刀具偏置双倍加
G48		刀具偏置双倍减
G49	08	刀具长度补偿取消
G50	11	缩放取消
G51		比例取消
G50.1	22	可编程镜像取消
G51.1		可编程镜像
G52	00	局部坐标系设定
G53		选择机床坐标系
G54		选择坐标系1
G54.1		选择附加工件坐标系
G55		选择坐标系2
G56	14	选择坐标系3
G57		选择坐标系4
G58		选择坐标系5
G59		选择坐标系6
G60	00/01	单位定向
G61	15	精确停止方式

169

(续)

G 代 码	组 别	功 能
G62		自动转角倍率
G63	15	攻螺纹方式
G64		切削方式
G65	00	宏程序调用
G66	12	宏程序模态调用
G67		宏程序模态调用取消
G68	16	坐标系旋转
G69		坐标系旋转取消
G73	09	深孔钻削循环
G74		轮廓攻螺纹循环
G75	01	切入式磨削循环（磨床用）
G76	09	精镗循环
G77		精镗循环
G78	01	直接恒定尺寸切入式磨削循环（磨床用）
G79		间歇进给表面磨削循环（磨床用）
G80		取消固定循环/取消外部操作功能
G81		切削循环，钻中心孔和外部操作功能
G82		钻削循环或轮廓攻螺纹循环
G83		深孔钻削循环
G84	09	攻螺纹循环
G85		镗孔循环
G86		镗孔循环
G87		反镗循环
G88		镗孔循环
G89		镗孔循环
G90	03	绝对值指令
G91	03	增量值指令
G92	00	设定工件坐标系或锁定主轴最大速度
G92.1		工件坐标系预设
G94	05	每分钟进给
G95		每转进给
G96	13	表面恒线速度控制
G97		表面恒线速度控制取消
G98	10	返回固定循环的初始点
G99		返回固定循环的 R 点
G160	20	IN-FEED 控制功能取消（磨床用）
G161		IN-FEED 控制功能（磨床用）

附录 C　G 代码（车床）

G 代 码			组 别	功 能
A	B	C		
G00	G00	G00		定位（快速移动）
G01	G01	G01	01	直线插补（切削进给）
G02	G02	G02		圆弧插补 CW
G03	G03	G03		圆弧插补 CCW
G04	G04	G04		停刀
G07.1 （G107）	G07.1 （G107）	G07.1 （G107）	00	圆柱插补
G08	G08	G08		先行控制
G10	G10	G10		可编程数据输入
G11	G11	G11		可编程数据方式取消
G12.1 G（112）	G12.1 G（112）	G12.1 G（112）	21	极坐标插补
G13.1 G（113）	G13.1 G（113）	G13.1 G（113）		极坐标插补方式取消
G17	G17	G17		Xp、Yp 平面选择
G18	G18	G18	16	Zp、Xp 平面选择
G19	G19	G19		Yp、Zp 平面选择
G20	G20	G70	06	公制输入
G21	G21	G71		英制输入
G22	G22	G22	09	存储行程检查
G23	G23	G23		存储行程检查取消
G25	G25	G25	08	主轴速度波动检测关
G26	G26	G26		主轴速度波动检测开
G27	G27	G27（G52）		参考点返回检查
G28	G28	G28	00	返回参考点
G30	G30	G30		返回第 2、第 3 和第 4 参考点
G31	G31	G31		跳转功能
G32	G33	G33	01	螺纹切削
G34	G34	G34		可变导程螺纹切削
G36	G36	G36		自动刀具补偿 X［当参数 3405 的第三位（G36）设为 0］
G37	G37	G37	00	自动刀具补偿 Z
G37.1	G37.1	G37.1		自动刀具补偿 X
G37.2	G37.2	G37.2		自动刀具补偿 Z

171

（续）

G 代码			组 别	功 能
A	B	C		
G40	G40	G40		刀具半径补偿取消
G41	G41	G41	07	左侧刀具半径补偿
G42	G42	G42		右侧刀具半径补偿
G50	G92	G92		坐标系设定或最大主轴速度设定
G50.3	G92.1	G92.1	00	工件坐标系预置
G50.2 （G250）	G50.2 （G250）	G50.2 （G250）		多边形车削取消
G51.2 （G251）	G51.2 （G251）	G51.2 （G251）	20	多边形车削取消
G52	G52	G52		局部坐标系设定
G53	G53	G53	00	机床坐标系设定
G54	G54	G54		坐标系 1 选择
G55	G55	G55		坐标系 2 选择
G56	G56	G56	14	坐标系 3 选择
G57	G57	G57		坐标系 4 选择
G58	G58	G58		坐标系 5 选择
G59	G59	G59	14	坐标系 6 选择
G65	G65	G65	00	宏程序调用
G66	G66	G66		宏程序模态调用
G67	G67	G67	12	宏程序模态调用取消
G70	G70	G72		精加工循环
G71	G71	G73		粗车外圆
G72	G72	G74		粗车端面
G73	G73	G75	00	粗车复合循环
G74	G74	G76		端面深孔切削
G75	G75	G77		外径/内径钻削
G76	G76	G78		螺纹车削复合循环
G71	G71	G72		纵磨循环（磨床用）
G72	G72	G73		纵向恒定尺寸磨削循环（磨床用）
G73	G73	G74	01	摆动磨削循环（磨床用）
G74	G74	G75		摆动恒定尺寸磨削循环（磨床用）
G80	G80	G80		取消固定钻削循环
G83	G83	G83		端面钻削循环
G84	G84	G84	10	端面攻螺纹循环
G86	G86	G86		端面镗孔循环
G87	G87	G87		侧面钻削循环

（续）

G 代码			组　别	功　能
A	B	C		
G88	G88	G88	10	侧面攻螺纹循环
G89	G89	G89		侧面镗孔循环
G90	G77	G20	01	外径/内径车削循环
G92	G78	G21		螺纹车削循环
G94	G79	G24	01	端面车削循环
G96	G96	G96	02	表面切削恒线速控制
G97	G97	G97		表面切削恒线速控制取消
G98	G94	G94	05	每分钟进给
G99	G95	G95		每转进给
—	G90	G90	03	绝对值编程
—	G91	G91		增量值编程
—	G98	G98	11	返回初始平面
—	G99	G99		返回 R 平面

附录 D　M 代码

M 代码	说　明
M00	程序停
M01	选择停止
M02	程序结束（复位）
M03	主轴正转（CW）
M04	主轴反转（CCW）
M05	主轴停
M06	换刀
M08	切削液开
M09	切削液关
M30	程序结束（复位），并回到开头
M48	主轴过载取消不起作用
M49	主轴过载取消起作用
M94	镜像取消
M95	X 坐标镜像
M96	Y 坐标镜像
M98	子程序调用
M99	子程序结束

注：通常 M 代码由机床厂家通过梯形图自由编写定义。